JN081098

ランサムウェア対策
実践ガイド

田中啓介、山重徹 ［著］

本書サポートサイト

https://book.mynavi.jp/supportsite/detail/9784839981761.html

はじめに

　この度は数ある技術書の中から、この本を選んで購入いただきありがとうございます。この本は、サイバー攻撃の被害を受けた企業様のインシデント対応を日々支援している筆者らが、そこから得られた経験や学びを、まだサイバー攻撃の被害を受けたことが無い企業の方々に分かりやすく伝え、上手に活用してもらうために書かれた本となっています。できるだけ実態に即した「べき論」ではない対策手法を、可能なかぎり分かりやすく解説したつもりですので、どうか最後までお付き合いいただければと思います。

本書執筆の背景

　ランサムウェアによる被害は企業規模を問わず増え続けていますが、企業側において攻撃手法に対する理解、およびそれに対する有効なセキュリティ対策がなかなか追い付いていないといった印象を日々のご相談などを通して感じています。当該攻撃の被害に遭ってしまった企業様の対応を実施するたびに悔しく思うのは「既存のセキュリティ対策製品のこの設定項目を有効化していれば、悪用された攻撃ツールを検出できたのに」であったり「事前にファイアウォールにこのルールを入れていれば被害を最小化できた可能性があるのに」であったりと、既存の環境を最大限有効活用できていれば被害を食い止められていた可能性が高いケースがほとんどであることです。

　昨今ではさまざまなセキュリティ対策製品が出てきていますが、導入したにも関わらず適切な設定・運用ができていないケースが多い印象を受けます。攻撃を防ぐ上で大切なことは、最新鋭のセキュリティ対策製品を揃えることではなく、まずは攻撃手法を正しく理解し、それに対する適切な防御方法を実装することだと筆者らは考えています。

本書の目的と章構成

　本書ではまず第1章、第2章でランサムウェアの基本的な知識や被害実例・背景情報などを解説することでその攻撃手法に対する理解を深めていただき、そして第3章、第4章で攻撃から皆様の端末やネットワーク環境を強固にするために、すぐに実行が可能で必要最低限な対策手法や監視手法をできるだけ具体的に・ステップバイステップで紹介することを目的としています。その後の第5章では、実際にインシデント(ランサムウェア感染)が起きてしまった時にどのように対応をすべきかや、インシデント対応をスムーズに実施する観点での事前準備のポイントなどを記載しました。

　背景や前提知識は置いておいて、すぐに対策や監視を実施・検討したい場合は第3章、第4章以降から読んでいただくことでももちろん問題ありませんが、第1章、第2章を読むことで「なぜその対策が必要か?重要か?」といった理解を深めてもらいたいとも考えているため、お時間があればぜひ第1章、第2章にも目を通していただきたいと思います。必要性や効果を理解した上で対策をすれば、社内の関係者に対策を実施する背景や意図などの説明もスムーズに行えますし、時代の変化や組織の吸収合併等で環境が変わった際にも即座に応用が可能な知識になると考えています。

　また、**現在まさにサイバー攻撃インシデントが発生しており対処が必要である**という場合は第5章から目を通していただき、インシデントが収まった後に他の章を読んでいただければと思います。

・**想定される対象読者**
- 中小企業のIT担当者
- セキュリティ対策にあまりお金や時間などのコストをかけられない企業

・**本書で意識していること**
- 実態に即した"コスパの良い"対策を提示すること
- 具体的に何をすべきか分からないような対策案を提示しないこと

目次

第**1**章　標的型ランサムウェア攻撃の概要と課題

第2章 標的型ランサムウェア攻撃の手法解説

第3章　実践的ランサムウェア対策

第4章 セキュリティ監視

第5章 インシデント対応

第 1 章

標的型ランサムウェア
攻撃の概要と課題

第1章および第2章では、第3章以降で提示するセキュリティ対策や
監視の必要性を感じていただくことを目的に、昨今のサイバー攻撃や
被害の概要や具体例を端的に説明していきます。あえてそういった説
明から行う理由としては、何事も「なぜその手法が必要で効果的なのか」
を理解せずに実行してしまうと、しばらく経った際に本当にこの手法
でよいのか次第に自信が持てなくなり、継続性がなくなってしまうこ
とを筆者らも何度も経験しているからです。基本的な事項から説明を
行っているため、既にサイバーセキュリティやランサムウェア攻撃に
ついて一定の知見のある方は読み飛ばしていただいても問題ありませ
ん。

昨今のサイバー攻撃や被害状況

「サイバー攻撃」と言われると皆さんはどういったものを想像されるでしょうか。過去には愉快犯的なサイバー攻撃も多く観測されていましたが、昨今ではそのほとんどが具体的な目的を持った犯罪行為といったものになっています。サイバー攻撃は、主に「実施者（主体）」「目的」「手法」などの要素でいろいろな分類や命名をされ、Web 記事やニュース等で日々語られています。大きく以下の 3 分類を抑えておくと良いでしょう。

■表1.1　サイバー攻撃手法の分類

種別	目的	手法
標的型攻撃	情報	カスタマイズされた不正プログラム、未知の脆弱性の悪用
ばらまき型攻撃	金銭	量産型の不正プログラム（EMOTET 等）
ランサムウェア攻撃	金銭	人手による侵入、暗号化やデータリークによる脅迫

本書では本のタイトルのとおり、これらの中でも「ランサムウェア攻撃」に特化した解説と対策手法を記載しています。中小企業の IT 担当者がランサムウェア攻撃について理解し、その対応を行っておくことは、以下 2 つの理由により有用であると考えています。

- ランサムウェア攻撃は、企業環境における感染被害発生確率が高い（日本企業の 34%）
- 昨今ではランサムウェア攻撃においても高度な攻撃手法が用いられ、標的型攻撃の手法と遜色がなくなってきている

IPA（情報処理推進機構）が毎年発表している「情報セキュリティ 10 大脅威」では、2021 年に続き 2022 年にも「ランサムウェアによる被害」が 1 位にランクインしており、日本の組織の 34% がランサムウェア感染を経験したことがあるといった調査データも存在しています。[1]

もちろん、すべてのサイバー攻撃手法を理解し網羅的に対策ができればそれに越したことはありませんが、本業で忙しく、なかなか時間や費用を捻出することが難しいであろう皆さまにおいては、まず手始めにランサムウェア対策について考えてみることで、基本的なサイバー攻撃対策の全体像把握や取っ掛かりを得ることができるのではないか、と筆者らは考えています。

column

 ## 不正プログラムの呼び名

不正プログラムは、しばしば「ウイルス」や「マルウェア」などと呼ばれることがあります。「マルウェア」は Malicious Software の略称で、サイバー攻撃に利用されるツールの呼称です。「ウイルス」という呼び名はサイバー攻撃に詳しくない方向けにも分かりやすい表現ではありますが、何もせずとも勝手に体内に入ってきて感染する自然界におけるウイルスのイメージが強く、昨今では攻撃者が目的を達成するためのツールとして不正プログラムを使うケースが一般的であり、自動的に拡散することはあっても何もないところから生まれて自然に発症するようなものでもないため、本書では用いないようにしています。筆者らは業務では「マルウェア」という呼び名を良く使いますが、本書においては「不正プログラム」や「ハッキングツール」と記載しています。

1.2　ランサムウェアとは

1.2.1　ランサムウェアの特徴

　ランサムウェアとは身代金を意味する"Ransom"と"Software"の造語であり、サーバや業務端末上のデータ暗号化を行うための不正プログラムです。ランサムウェアが暗号化したデータを人質にして、金銭を要求し脅迫を行う攻撃手法全体をランサムウェア攻撃と呼びます。2019年頃までのいわゆる「従来型ランサムウェア」は被害企業のデータの暗号化や破壊予告のみを脅迫の材料としていましたが、2019年以降から流行している「標的型ランサムウェア」攻撃の特徴としては、攻撃者が企業の環境に人の手で侵入し、インタラクティブに攻撃を行うことが挙げられます。また、企業内から詐取したデータを独自のリークサイトやダークウェブ上のフォーラムにリークすることを予告したり、企業のWebサイトへDDoS攻撃を仕掛けたりといった複数の手法での脅迫が行われます。[2]

　標的型ランサムウェア攻撃の各ステップではいわゆる「標的型攻撃」と同等のツールや手法を用いるため、標的型ランサムウェア攻撃についてある程度理解し対策をしておくことは、企業のセキュリティ対策として効果的でもあると考えています。

　詳しい攻撃手法や攻撃団体のバックグラウンドは第2章で解説を行います。

> **ダークウェブ：**暗号化された特殊なアクセス方法でのみ閲覧可能なインターネット上の領域のこと。サイバー攻撃者の情報交換やサイバー攻撃以外にも、法に触れるような物品やサービスの売買なども行われている。

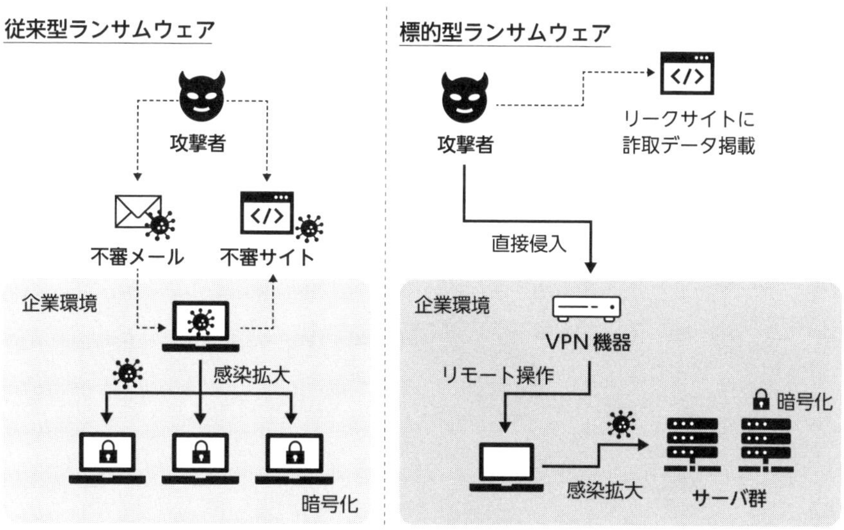

従来型ランサムウェア
攻撃者
不審メール
不審サイト
企業環境
感染拡大
暗号化
標的型ランサムウェア
攻撃者
リークサイトに
詐取データ掲載
直接侵入
企業環境
VPN機器
リモート操作
暗号化
感染拡大
サーバ群

■図1.1 従来型ランサムウェアと標的型ランサムウェアの違い

1.2.2 ランサムウェア被害の傾向

ここでは、警察庁が2023年3月に公開している被害報告の統計データを元に大まかな発生数の推移や被害企業、業種の傾向を整理します。[3]

こういったデータは収集を行った団体やその目的や時期によって結果が変わるため、あくまでも大まかな傾向を抑えるための参考としてください。

・ランサムウェア感染被害報告数の推移

ランサムウェア感染被害については令和2年（2020年）下半期と令和4年（2022年）下半期を比較すると6倍程度となっており、ランサムウェア被害に遭う企業は増加傾向にあります。

(件)
120
100
80
60
40
20
0
21
61
85
114
116
R2下
R3上
R3下
R4上
R4下

■図1.2
ランサムウェア被害数推移

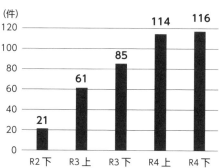

・ランサムウェア被害企業の規模

　ランサムウェア感染被害を受けた企業の規模に関しては、中小企業が約半数、大企業が3割程度となっています。本書が想定している読者である中小企業についてはそもそも大企業に比べ企業数の母数が多いという前提はあるものの、大企業に比べセキュリティ対策に人員や費用を十分に割けていない故の数値である可能性も考えられます。

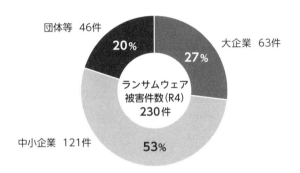

図1.3　ランサムウェア被害企業規模

・ランサムウェア被害企業の業種

　被害にあった企業の業種については製造業が3割程度と大きく出ています。筆者らの所感では、特定の業種を狙ったサイバー攻撃というものは「標的型攻撃」以外には基本的にはあまりないと感じています。一方でそれぞれの業種によって共通の課題（例えば業務アプリケーションの特性上OSの更新が難しい、OSの更新をすると保守が受けられなくなるなど）があり、そういったものが攻撃者に狙われることで、被害企業の業種に傾向が現れることはあるのではないかと考えています。

> **OS：**Operating System の略。Windows や macOS、Linux など、利用者がコンピュータを便利に操作するためのインターフェースを提供する。

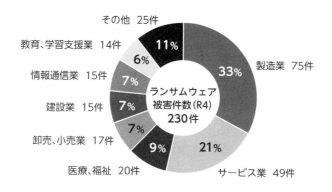

その他 25件
教育、学習支援業 14件
情報通信業 15件
建設業 15件
卸売、小売業 17件
医療、福祉 20件
製造業 75件
サービス業 49件

ランサムウェア被害件数(R4) 230件

11%
6%
7%
7%
7%
9%
33%
21%

■図1.4 ランサムウェア被害企業業種

1.2.3 被害に遭ってしまうとどうなるのか

　企業がランサムウェア攻撃の被害に遭ってしまうとどのような状況になってしまうのでしょうか。最も運が良いケースは、1台の業務端末のみが暗号化されて利用できなくなるといったものです。旧来のランサムウェアはそういった単体の端末上で被害が留まるケースも多かったのですが、昨今ではドメインコントローラやファイルサーバといった重要なサーバ群をあえて狙って暗号化してしまうケースがほとんどとなっています。ランサムウェア攻撃の目的は、「データを人質に取って金銭を要求する」ことであるため、大事なサーバやデータを人質にすれば被害企業は金銭を払ってくれる可能性が高まると攻撃者としては考えているのでしょう。自社で管理しているサーバが軒並みランサムウェアに暗号化されてしまい、利用者から「ファイルサーバーが使えない」「社内システムが利用できない」といった電話が鳴り止まなくなることを想像するだけでも胃が痛くなるIT担当者がほとんどではないでしょうか。

　引き続き、警察庁の統計データを元に、ランサムウェア攻撃に遭ってしまうと被害企業にどのようなインパクトがあるのかを見ていきます。

・復旧にかかる費用

　復旧にかかった費用として最も多い回答は1,000万円以上5,000万円未満の33%です。これらの費用は基本的には、サーバの再構築費用や侵害原因調査のためのインシデント対応をセキュリティベンダに依頼する費用であると考えられます。ランサムウェア攻撃の攻撃者に身代金を支払うユーザは10%程度との

調査結果もあります。攻撃者に身代金を支払うことは倫理的に推奨されるものではありませんが、復旧の費用や復旧までの期間とを天秤にかけ、経営判断として身代金を払うケースもあると考えられます。

5,000万円以上 16件
100万未満 29件
100万円以上〜500万円未満 19件
500万円以上〜1,000万円未満 17件
1,000万円以上〜5,000万円未満 40件
有効回答 121件

■図1.5 ランサムウェア被害額

・復旧にかかる日数

復旧にかかる日数は、即時〜1か月という回答が合計で5割程度となっています。被害に遭ったサーバによっては、取引先との取引停止や通販サイトや工場の停止なども考えられるため、復旧期間中に得られるはずだった利益が得られない、あるいは取引先から信頼を失ってしまうといった被害が生じることも考えられます。

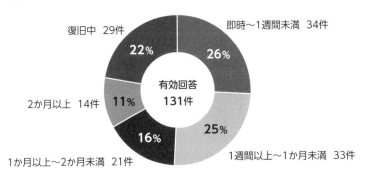

復旧中 29件
即時〜1週間未満 34件
2か月以上 14件
1か月以上〜2か月未満 21件
1週間以上〜1か月未満 33件
有効回答 131件

■図1.6 ランサムウェア感染から復旧までの期間

column

サイバー保険

地震や火災の保険と同じように、サイバー攻撃に対する保険も販売されています。一般的には、損害賠償金や原因調査・再発防止を行う費用などが保障されます。攻撃者への身代金支払いに保険は適用されません。日本企業の加入率は大手企業で約10%、中小企業で約7%程度といった調査結果があり、海外では50%程度とも言われています。[4]

column

身代金の相場

セキュリティベンダの調査によれば、2021年の世界全体のランサムウェア事件の身代金の平均支払額は、約54万ドル（2023年7月時点で7,600万円相当）、平均要求額は約220万ドル（2023年7月時点で3億1千万円相当）であったとされています。[5] なお、支払額と要求額が異なるのは、被害に遭った企業が攻撃者と交渉を行うからです。基本的に攻撃者に身代金を支払うことは推奨されてはいませんが、実は攻撃者との価格交渉を代行してくれるといったサービスも存在しています。

column

身代金を払うべきかどうか

日々インシデント対応を支援している際に「身代金を払うべきかどうか」アドバイスを求められることがあります。一刻も早くデータを復旧したいと焦り、困っている企業の方に「払うべきではない」と、べき論だけを回答するのはあまり親切ではありません。「身代金を払うべきかどうか」に丁寧に回答をするとすれば、「身代金を払ったとしてもデータが戻ってくる保証がない」「身代金を払った企業である、という事実が攻撃者の間で共有され、再度ターゲットになるリスクが高まる」「海外ではサイバー攻撃者に身代金を払うことで法的に罰せられる可能性がある」といった観点があります。これらの状況やリスクを加味した上で、復旧にかかる費用と身代金を天秤にかけ、最終的にご自身でご判断いただくほかない、というのが我々の考えです。ランサムウェア攻撃の主体によっては身代金が低額なケースも存在するため、その場合は経営判断として身代金を支払うという判断を下す企業もあるでしょう。

1.3 身近に潜むランサムウェアの脅威（公開事例）

　ここからは、日本で公開されているランサムウェア攻撃の被害事例を何件か紐解き、どのような被害であるのかをより具体的にイメージできるようにします。技術的な詳細を含む事例については第2章で解説を行うため、ここではインシデントの概要、業務影響やビジネスインパクトをイメージしてもらうことを目的にしています。

1.3.1 大手ゲーム会社の事例

■表1.2　事例概要

項目	内容
感染原因・手法	情報海外拠点のVPN装置（旧型）
被害台数 / 被害範囲	メールやファイルサーバ
情報漏洩	最低でも約2万件の個人情報
復旧に要した日数	不明

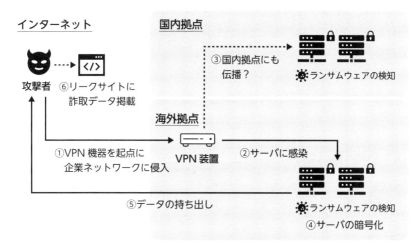

■図1.7 事例の全体像

この事案は、大手ゲーム会社の海外拠点が被害に遭った事例です。[G]

　侵入起点は VPN 装置でした。VPN（SSL-VPN）とは、Virtual Private Network の略称であり、社員の自宅や出張先等の社外の環境から仮想的に社内のネットワークに接続するためのゲートウェイ装置です。VPN 機器を経由して社外から会社のネットワークに接続するためには認証情報（ID とパスワード、設定によっては加えてワンタイムパスワードなどの二要素認証）が必要となりますが、VPN 機器に脆弱性があった場合や、ID やパスワードが初期状態であったり推測可能な文字列である場合には、攻撃者が社内ネットワークに接続するための入口となってしまいます。昨今ではコロナ禍による在宅勤務が主流となり、セキュリティを考慮せずに急いで VPN を導入してしまい被害に遭うケースも増えています。

　本事例における被害としてはメールサーバやファイルサーバなど、社員が社内外で効率的に業務をする上でほぼ必須になるような基幹サーバが暗号化されてしまいました。メールが使えず、ファイルサーバのファイルが閲覧できなければ、ほぼ仕事が進められないということは容易に想像できるかと思います。

　また攻撃者は、そういった基幹サーバを暗号化して金銭を要求するだけではなく、詐取した情報を外部サイトに公開する、いわゆる「二重脅迫」（暗号化＋データリーク）を行いました。幸いにしてテープバックアップ等から比較的新しいデータに復元することができたとしても、インターネット上に漏洩してしまったデータを削除したり取り戻すといったことはインターネットの性質上不可能

です。

　復旧に要した日数は明確に公開はされていませんが、被害範囲から推測するにサーバの再構築や再発防止設定等に2か月以上はかかっているだろうと想像できます。また、対外的な説明（プレスリリース）や取引先や顧客からの問い合わせ対応など、費用には換算しにくい作業工数もかかっていると考えられます。

1.3.2　製造業での事例

■表1.3　事例概要

項目	内容
感染原因・手法	海外拠点のサーバ・OS 脆弱性による侵入
被害台数 / 被害範囲	国内外すべての拠点　社内システムや工場の生産システム
情報漏洩	不明
復旧に要した日数	3 週間以上

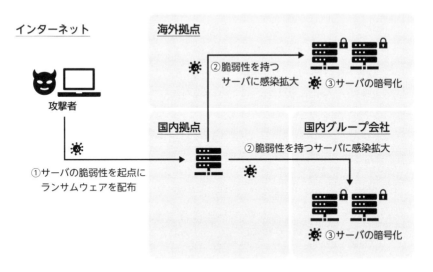

■図1.8　事例の全体像

この2つ目の事例［7］でも、大手ゲーム会社の事例と同様に海外拠点が起点となっていますが、侵入方法は VPN 装置ではなく OS の脆弱性となっています。事例内に記載はされていませんが、おそらく CVE-2017-0145（セキュリティ更新プログラム MS17-010 で修正）による拡散であると推測できます。この脆弱性は、簡単に言えば遠隔地にあるサーバの特定のポートにアクセスさえできれば、本来必要なはずの ID やパスワード情報なしにリモートからプログラムの実行ができるような欠陥です。

被害範囲については国内外すべての拠点のサーバや工場の生産システムであり、おそらく脆弱性を保持していた古い Windows サーバや業務端末が被害に遭ったと推測されます。また、こういった脆弱性は当然ネットワーク上到達できないところには影響を及ぼしませんが、ネットワークがフラット（すべてのデバイスが同一ネットワーク上に存在している）である場合には一気にすべての端末が影響範囲となってしまいます。例えば IP アドレスを 192.168.x.x のネットワークセグメントと 172.16.x.x のネットワークセグメントでシステムを何区画かに分けて設計していたり、利用可能なポートやサービスを限定していれば、被害範囲が限定化されることが一般的です。セグメンテーションが難しい場合には、認証情報やドメインをエリアや拠点ごとに分けるといったことも有効ですが、脆弱性が悪用される場合には本件で悪用された脆弱性のように認証情報が不要となる場合もあるため、中長期的にはやはりセグメンテーションも検討できると良いでしょう。

情報漏洩については公開事例内に記載がありませんが、攻撃手法から標的型ランサムウェア攻撃ではないように見受けられるため、機密情報は漏洩していないものと思われます。

復旧には3週間以上要したとされています。被害範囲がかなり広いため、相当の期間と費用が掛かったであろうと推測できます。また、1つ目の事例と異なり国内のグループ会社が被害範囲に含まれているため、国内、海外、グループ会社の様々な担当者を巻き込んでの対応となり、コミュニケーションや合意形成にかなりの労力がかかったであろうことも想像できます。外から見ると同じ会社・グループ会社ならば円滑なコミュニケーションが取れるだろうと安易に考えてしまいますが、本社とグループ会社間の力関係があったり、役割や責任も企業規模が大きくなるほど細分化しており、実施すべき作業が都度「お見合い」になってしまうケースもきっと多々あったのではないかと推察します。

column

 脆弱性とは

システムやアプリケーションの欠陥のようなものであり、修正せずに放置していると、攻撃者の侵入や不正プログラム実行に悪用されてしまいます。特に外部に公開している Web サービスや SSL-VPN 装置などの脆弱性は侵入のきっかけになりやすいため優先的に対処を行うのが良いでしょう。対処は、最新のセキュリティパッチを適用したり、最新のファームウェア・バージョンにアップデートすることで行います。

現在修正がリリースされていない「未知の脆弱性」に関しては対処にコストがかかるため、まずは既にベンダから修正がリリースされている「既知の脆弱性」から対処を行っていくことが一般的となります。また、ランサムウェア攻撃においては 25 ページの記述のとおり、2017 年に発表された有名な脆弱性（MS17-010 というセキュリティ更新プログラムで修正) がいまだに利用されることがあるため、Microsoft Windows XP、Microsoft Windows Server 2003 などサポートの切れた古い OS を利用している場合は注意が必要です。

なお、脆弱性への対処は大事ですが、そもそも管理者のパスワードが容易に推測可能な文字列や文字数である場合には、攻撃者は脆弱性を利用するよりパスワードを使って攻撃するケースの方が多いため、思い当たる方は先にパスワードの複雑化を検討すると良いでしょう。

1.3.3 全国に拠点を有する企業の事例

■ 表1.4 事例概要

項目	内容
感染原因・手法	メール添付ファイルによる感染
被害台数 / 被害範囲	ファイルサーバや業務サーバの大部分
情報漏洩	あり（件数等不明）
復旧に要した日数	3 週間以上

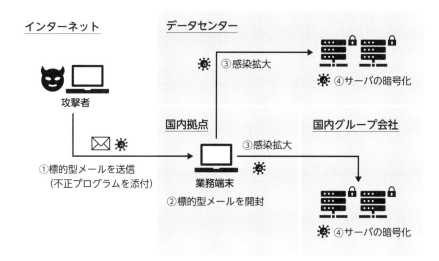

■図1.9　事例の全体像

　3つ目の事例［7］は、侵入起点がメール添付ファイルとなっています。メール添付による侵入は一見アナログで古典的ですが、やはりメールは企業活動上制御が難しい通信経路であり、添付ファイルにパスワードを付与されると基本セキュリティ機器での検査が難しいことから、現在でも非常によく悪用される侵入手法の1つとなっています。また、担当者が開きたくなる・開かざるを得ないような「請求書」「Invoice」「給与改定」といった文言を含む業務的な件名のものや、標的型攻撃の場合には時勢に合わせた政治的なトピックのメールタイトルや本文を作りこんだものなどがあります。

　被害範囲は1つ目の事例と同じくファイルサーバや業務サーバの大部分とされています。攻撃者としては、業務に影響を与えるほど身代金を払ってもらえる可能性が高いと考えているため、必然的に重要なサーバは狙われてしまいます。

　情報漏洩については1つ目の事例同様に攻撃者による情報リークが行われています（件数等は不明）。

　復旧には3週間以上要したとされています。こちらの事例も被害範囲がかなり広いため、相当の工数や費用が掛かったであろうと推測できます。

よくあるランサムウェア感染原因

　ここまでで具体的な被害事例がなんとなくイメージいただけたかと思いますが、ここからはこういった事例が起きる原因の傾向について説明します。警察庁の統計データでは、基本的に侵入経路は以下の3種類があり、VPN機器とリモートデスクトップが全体の8割を占めています。そのため、侵入対策を行う際にはまずVPN機器とリモートデスクトップサービスの洗い出しと対策から着手するのが良いでしょう。

- VPN機器（SSL-VPN）
- リモートデスクトップ
- 不審メール

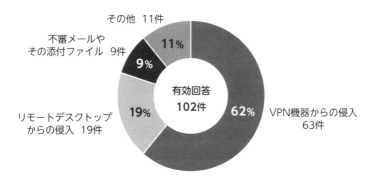

■図1.10　ランサムウェア侵入原因

侵入後については、以下のようなポイントで侵入が拡大してしまうケースが筆者らの経験上多いです。侵入起点の対策を完璧に行えればいいのですがすべての入り口を明確にして対処することも難しいのが現実ですので、侵入を想定し、以下のような点についても併行して対策検討を行うと良いでしょう。

- 端末に導入されたセキュリティ対策製品のパターンファイルが更新されていなかった
- 端末に導入されたセキュリティ対策製品の追加機能が有効化されていなかった
- サーバにセキュリティ対策製品が導入されていなかった
- 管理者アカウントのパスワードが推測されやすい簡単なものであった
- ローカル管理者アカウントのパスワードがほぼ全台共通であった
- 環境内にサポート終了した Windows が残存しており、パッチが適用されていなかった

1.5　現状の対策の課題

　ここからは少し趣向を変え、ここまでで説明した標的型ランサムウェア攻撃の手法を踏まえ、中小企業のセキュリティ対策状況としてよくある疑問と、それに対する筆者らの見解を記載します。コラムのような形で流し読みしていただければ幸いです。

1.5.1　パターンマッチング型のセキュリティ対策だけ入れれば十分？

> **Answer** パターンマッチング型の検知機能だけでは十分ではありません。お使いのセキュリティ対策製品（EPP）にどのような機能が搭載されているか確認し、搭載されている機能が正しく有効化されているか確認しましょう。

　昔はワームと呼ばれる、同じ不正プログラム（同一のハッシュ値を持つもの）が大量に拡散される脅威が良く見受けられ、そういった脅威ではパターンファイルを作成して全端末に適用し、駆除をすることで感染拡大を防ぐことができました。ですが、最近では同じハッシュ値の不正プログラムが大量に拡散されるという状況はあまり多くありません。

　また、ここまでで説明しているような標的型ランサムウェア攻撃は基本的に攻撃者（人間）がインタラクティブに操作を行っているケースが多く、例えばランサムウェアがセキュリティ対策製品に検知されたら、すぐに検知されない別のランサムウェアを置けば攻撃を継続することができますし、あるいは攻撃者が管理者権限を取得している前提であれば、攻撃者はセキュリティ対策製品を停止したりアンインストールすることで検知を免れることができます。

　ここまでの説明から、パターンマッチング型の機能だけでは十分でないことはなんとなくご理解いただけたかと思います。利用しているセキュリティ対策

製品（EPP）に、例えば機械学習型の検出技術や、不正プログラムの挙動を検知するような機能が搭載されている場合には、正しく機能を有効化することで、攻撃者側の攻撃難易度がかなり高くなります。また、定期的に検知ログの確認や設定の見直しを行うことで、不審な兆候に気付いたり、時流に合わせたより強固な設定を導入することもできます。

> **EPP：**Endpoint Protection Platform の略。従来のパターンマッチング型のセキュリティ対策製品を指す呼称として使われる。挙動監視機能や機械学習機能なども含め NGAV（Next Generation Anti Virus）と呼ばれることもあるが、大抵の場合 EPP に NGAV の機能が載っているため、EPP ≒ NGAV という認識が一般的である。また、後述する EDR の製品にも EPP、NGAV 的な機能が含まれることもある。

1.5.2 EDRを入れれば安心？

Answer 既存セキュリティ対策製品（EPP）をしっかり活用できているかを確認した上で、導入を検討するのが良いでしょう。また、EDRのアラートに適切に対処できるような準備も必要です。

　昨今では、EDRと呼ばれるセキュリティ対策技術が流行しています。これは、いわゆるパターンマッチング方式の検出技術ではなく、端末上の動作を記録・監視しながら不審な動きがあった場合にアラートし、調査・対処することができるような技術です。言うまでもありませんが、EDRを導入したから安心というわけでは全くなく、検知した結果を確認して、端末の隔離などの判断と対処を行う必要があります。また、使いこなすという意味では、定期的に流行りの脆弱性や攻撃手法が自社環境内で観測されていないか探索することもでき、そのためのツールでもあると考えています。筆者らの個人的な見解としては、EDRは1.5.1項のセキュリティ対策製品（EPP）の機能把握や有効活用が十分にできている状態で、はじめて検討すべき技術であると考えています。既存のセキュリティ対策製品（EPP）の機能把握や効果的な機能の有効化ができていない中で、EDRを入れてなんとなく高度な対策をした気になる、という状況だけは何としても避けましょう。

> **EDR：**Endpoint Detection & Response の略。解説は上記のとおり。

1.5.3 中小企業は狙われないのでは？

Answer 企業規模の関係なく攻撃者に狙われています。

図1.3（18ページ）の警察庁の統計データのとおり、標的型ランサムウェア攻撃の被害企業の半数程度が中小企業となっています。もちろん、攻撃者によってはある程度身代金の支払い能力がある大企業をあえて狙うような攻撃者グループも存在しますが、手間をかけずに効率的に攻撃を行ってくるような攻撃者グループであれば、感染した組織の規模はあまり気にしていないと考えられます。例えばリモートデスクトップサービスが外部公開されていて、簡単なパスワードでログオンできるAdministratorアカウントが存在した場合、とりあえず侵入して、手順化された容易な手法で感染活動を行うでしょう。ただし、標的型攻撃（知的財産や機密情報の詐取を目的とした攻撃）の場合には、企業の規模というよりはその企業にしかない情報を狙ってきますので、標的型ランサムウェア攻撃の被害を受ける企業に比べて狙われる企業はかなり限定的になります。

1.5.4 何に対して対策をするべきか？ 具体的なイメージを持っていない

Answer 何の対策をすべきかよく分からない場合、まず標的型ランサムウェア攻撃への対策の検討をはじめましょう。

本書では主に標的型ランサムウェア攻撃に対策することに主眼を置いていますので、何に対して対策をすべきかよく分からないという場合には、まずはランサムウェア対策からはじめていただければと考えています。しかし、サイバーセキュリティの脅威（インシデント）というのは広く見れば、標的型攻撃、社員によるデータ持ち出し、USBメモリの紛失、フィッシング詐欺、など様々なものがあります。筆者らとしては標的型ランサムウェア攻撃の対策を行うことは、標的型攻撃やいわゆるばらまき型の脅威にも一定の効果があると考えていますが、本書記載の対策がある程度実施できた後には、皆様の企業において想定されるサイバーセキュリティの脅威やリスクを改めて洗い出し、他にやるべき対策があるか、想定される脅威ごとに対策を検討いただけると良いでしょう。

標的型ランサムウェア攻撃の手法解説

標的型ランサムウェア攻撃に対する適切な対策を考える上で、そもそもどのような主体（攻撃者）がどのような手法を用いて攻撃を行うのか、その詳細を把握することは非常に有用です。敵を知ることなく自分自身を守ることはできません。本章においては、標的型ランサムウェア攻撃の詳細により踏み込むことで、どのような犯罪者が、どのような目的を持って、どのようにして攻撃を行っているのか、その詳細を理解し、第3章の防御策の有効性に説得力を持たせることを目的としています。

まずは、標的型ランサムウェア攻撃の攻撃者グループで構成されるエコシステム RaaS: Ransomware-as-a-Service について紹介し、その後、具体的な攻撃手法について解説をしていきます。

攻撃者のエコシステム：Ransomware-as-a-Service

2.1.1　個人でやるよりグループで

　例えば、ランサムウェアを添付したスパムメールを不特定多数に送り付けるだけの攻撃であれば、個人の攻撃者でも自動化等の手段を使って、ある程度は遂行が可能です。

　しかし、標的型ランサムウェア攻撃をはじめとした高度な攻撃の場合は、目的を達成するまでにさまざまなステップを踏む必要があります。侵入口を探ることを目的とした、ターゲット企業に対する偵察活動から始まり、ランサムウェア等のさまざまな不正プログラムの開発、また実際にターゲット環境へ侵入して攻撃を実施し、その後ターゲットとの金銭の交渉を実施するなどがあげられます。

　これらすべてのステップを個人の攻撃者が実施しようとすると時間もコストも莫大にかかってしまうため、現在においては、それぞれの得意分野を持った攻撃者同士が連携し、役割分担をしながら効率的に攻撃を進めていく手法がとられることがほとんどです。それぞれの役割をもった攻撃者が情報やリソースを売買しており、一種の経済圏を確立していることからそのエコシステムはRaaS:Ransomware-as-a-Serviceと呼ばれています。

　RaaS上の主な役割としては表2.1の3つがあげられます。また、各役割を持った攻撃者グループ同士の金銭の流れは図2.1のとおりです。

■表2.1　攻撃者グループとその役割

名称	役割
Operator	ランサムウェアの開発を行い、リークサイトを運営する
Affiliate	ターゲットの環境へ侵入し攻撃を実施する
Initial Access Broker（IAB）	ターゲット企業を偵察し、その侵入口となる情報を詐取する

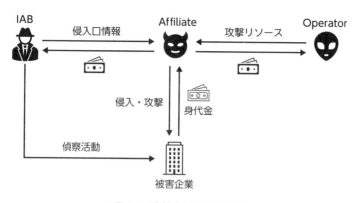

2.1.2　Operator

　Operatorとは、ランサムウェアの開発・保守や、リークサイトの運用を行う、標的型ランサムウェア攻撃の首謀者です。Operatorの他にも、ランサムウェアギャングやデベロッパとも呼ばれています。標的型ランサムウェア攻撃の被害事例を取り上げたニュースで、Lockbit3.0やBlackCat等の俗称が取り上げられることがありますが、これがOperatorによって開発、運用されているランサムウェアのブランド名です。

　Operator自体はターゲットに対して攻撃を仕掛けるわけではなく、実際の攻撃に関しては後述するAffiliateと呼ばれるグループに外注し、身代金が支払われた際にはその何割かを分配します。Operatorとしては確実に攻撃を完遂してくれる、より優秀なAffiliateと手を組みたいモチベーションがあるため、ランサムウェアの保守サービス（想定どおりに動作しない場合のQ&A対応等）を充実させたり、得られた身代金の分配率を多くしたりとOperator間で競争原理が働きます。

　また、Operatorはランサムウェアの開発だけでなく、さまざまな攻撃ツールや攻撃用マニュアルを開発し、Affiliateに提供していることも分かっています。2022年に、当時さかんに活動していたContiと呼ばれるOperatorの内部事情を記したドキュメントがリークされました。その情報の中には、攻撃ステップごとにどのようなツールを用いて、どのような操作を行って攻撃を進めるべきかを詳細に記したAffiliateに提供するマニュアルが含まれていました。

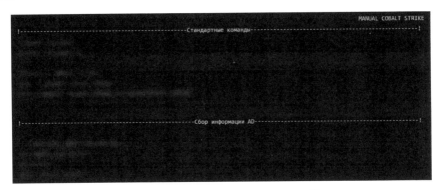

■図2.2 Contiの攻撃マニュアルの一部

2.1.2.1 ランサムウェアの種類

　多重脅迫型を採用する標的型ランサムウェア攻撃では、ターゲットの環境を暗号化して業務停止に追い込んだ後、復号鍵と詐取しておいた情報資産の引き換えに身代金を脅迫することがほとんどです。身代金を支払わない場合は、復号鍵が提供されないだけではなく、本情報資産も暴露されてしまう可能性があります。情報の暴露は、リークサイトと呼ばれる Operator の運営するサイト上で行われ、ランサムウェアのブランドごとに異なるリークサイトが存在します。

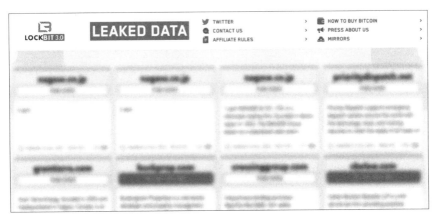

■図2.3 Lockbit3.0のリークサイト

　現在も積極的に活動をしているランサムウェアのブランド数は40近くあるとされていて、2022年4月〜2022年9月の間で、リークサイト上で暴露された

被害企業数の多いランサムウェアは図2.4のようになっています。

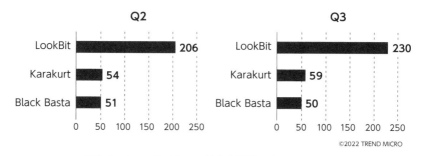

■図2.4　リークサイトでの被害企業数の多いランサムウェア

2.1.2.2　暴露のプロセス

　攻撃者が攻撃の過程で詐取したターゲット企業の情報資産は、どのようにしてリークサイト上に暴露されるのでしょうか。ここではLockbit3.0を例に取り上げながら、暴露までのプロセスを紹介します。

　まず、リークサイト上でターゲット企業の専用ページが作成されます。この時点で情報の暴露はすぐには行われませんが、暴露までのカウントダウンが提示され、攻撃者による暴露の意思表示が行われます。リークサイト自体はダークウェブ上で運営されているとはいえ、誰でもアクセスできる状態となっているため、本ページが作成されると、リークサイトを監視している世界中のリサーチャーが攻撃の事実に気が付き、世間に知れ渡ることになります。

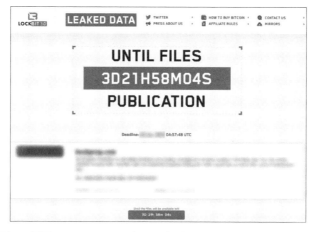

■図2.5　暴露までのカウントダウンが記載された被害企業専用ページ

　次に、本脅迫が嘘でないことを証明するため、詐取した情報の一部がその証拠としてリークサイト上で暴露されます。また、暴露までの日数を延長したり、あるいは暴露予定のデータを事前に入手するためのオプションが、その料金と共に掲示されます。

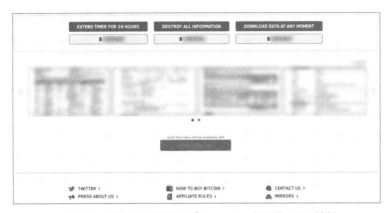

■ 図2.6　暴露までの延長オプションや一部暴露された情報

　ターゲット（被害企業）から一向に連絡がない場合や、身代金の交渉が決裂すると、詐取したすべての情報が暴露されます。暴露されると、リークサイトにアクセスできる者であれば誰でもその情報がダウンロード可能となります。また、暴露された情報のインデックス、つまりファイル名の一覧も一緒に公開されることがほとんどです（図 2.7 の [DOWNLOAD FILES_TREE.TXT] ボタンを押すことで、インデックスの記載されたファイルがダウンロードされます）。

■ 図2.7　暴露されてしまった情報

2.1.2.3 身代金の支払い方法

標的型ランサムウェア攻撃における身代金支払いのほとんどが、その利便性や秘匿性から仮想通貨によって行われます。

仮想通貨の種類によって支払い額に差分が見られ、匿名性の高い仮想通貨のほうが、その秘匿性の高さから支払い額が低く設定されていることが一般的です。逆に、Bitcoinのような取引履歴が追跡可能な通貨に関しては、そのリスクの高さや資金洗浄のコストから、別途「サービス料」という名目で金額を上乗せされることがあります。図2.8はBlackCatと呼ばれるランサムウェアの脅迫文ですが、Bitcoinによる身代金のほうがMoneroのそれに比べて15%高く設定されてします。

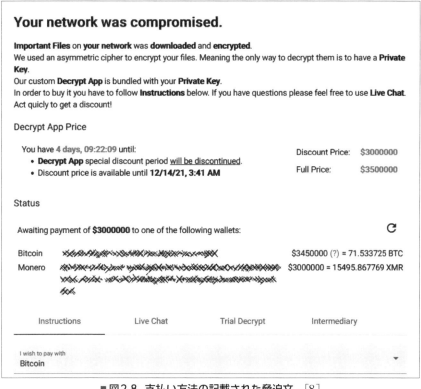

■図2.8　支払い方法の記載された脅迫文　[8]

column

 ### 身代金交渉人

日本ではまだ普及していないですが、アメリカ等では、標的型ランサムウェア攻撃にあった企業の代わりに攻撃者と交渉を行う、ランサムウェア身代金交渉人という仕事が存在します。[9]

交渉人の目的は、要求されている身代金の額と、身代金を支払わなかった際に生じるコスト（暗号化されてしまった環境の復旧にかかる費用や、情報暴露によるブランドへの影響）を比較しつつ、少しでも身代金の額を抑えるように攻撃者と交渉するところにあります。

攻撃者側も金銭の入手が目的にあるため、被害者側から何も連絡がなく身代金が支払われないよりも少しでも身代金が支払われた方が良いため、交渉があればそれに応じることが多いようです。また、最初は金額を釣り上げて身代金を要求してくることがほとんどで、交渉によっては多くて90%近くまで当初の身代金より金額が抑えられたケースもあるようです。

もちろん、身代金の支払いに応じることは、違法と判断される可能性もありますし、また攻撃者側の活動を助長することにもつながります。さらには、支払ったにも関わらず復号鍵が入手できなかったり、漏洩した情報がリークサイトから削除されるとは限らないため、推奨されるものではありません。しかし、今後日本でも海外と同様に身代金交渉を代行するサービスが出てくる可能性は十分あり得るでしょう。

2.1.3 **Affiliate**

Affiliateは、実際に企業の環境へ侵入し標的型ランサムウェア攻撃をしかける実行犯です。

Operatorに対する自身のスキルや経験の売り込みを通して、面接を経てそのプログラムに参加します。ひとたび採用されてプログラムに参加すると、使用料をOperatorに支払うことで、Operatorが提供する、表2.2に代表されるようなさまざまなリソースにアクセスが可能になります。

■**表2.2 攻撃者グループとその役割**

リソース	詳細
Affiliate 用管理パネル	ランサムウェアの生成や Operator とのやり取りを行える管理パネル
攻撃ツール	攻撃の過程で使用を推奨されるさまざまなツール
攻撃マニュアル	攻撃ツールの使用方法や攻撃の手順

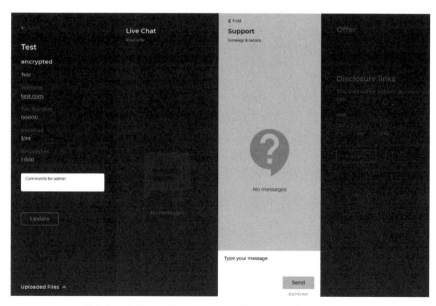

■**図2.9 HIVEランサムウェアのAffiliate用ポータル** [10]

　Operatorから提供される攻撃ツールや攻撃マニュアル、また後述するIAB から購入した侵入口の情報を元に、企業の環境へ侵入し攻撃を行います。仮に 攻撃に成功し身代金の回収に成功した場合は、Operatorによってさまざまで はありますが、得られた身代金の80%程度がAffiliateの取り分となることが 多いようです。

> Percentage rate of affiliate program is 20% of the ransom, if you think that this is too much and because of this you are working with another affiliate program or using your personal software, then you should not deny yourself the pleasure of working with us, just increase the amount of ransom by 20% and be happy.
> You receive payments from companies to your personal wallets in any convenient currency and only then transfer the share to our affiliate program. However, for ransom amounts over $500 thousand, you give the attacked company 2 wallets for payment - one is yours, to which the company will transfer 80%, and the second is ours for 20%, thus we will be protected from scam on your part.

■ 図2.10　身代金の取り分が掲載されたLockbit3.0のページ

　下記リンクには、主要なAffiliateとそれに関わりのあるOperator、またそ れぞれがどのような変遷を経て現在の関係性に至っているのかが分かりやすく まとめて図示されています。

犯罪者グループの変遷

https://github.com/cert-orangecyberdefense/ransomware_map/
blob/main/OCÐ_WorldWatch_Ransomware-ecosystem-map.pdf

2.1.4　Initial Access Broker

　IAB: Initial Access Brokerは被害企業に対して偵察活動を行い、その侵入口 となる情報を収集し、Affiliate等の犯罪者グループに売却して金銭を得ること を生業としている集団です。

　具体的には、例えば次のような情報を取り扱っています。

- VPN アカウント情報
- リモートデスクトップで到達可能な端末の IP アドレスとそのアカウント 情報
- 公開サーバに設置した Webshell 情報
- 製品の脆弱性情報
- ドメインアカウント情報

詐取した情報を使って IAB 自身がターゲットに対して標的型ランサムウェア攻撃を行うことはなく、詐取した情報はアンダーグラウンドのフォーラムに売りに出されます。その情報を購入した Affiliate 等の犯罪者グループが当該情報を悪用して、ターゲットの環境に侵入して攻撃を行います。

　売りに出されている情報の平均価格は 2,800 米ドルとも言われており、その価値によって値段は上下します。より魅力的な企業の情報であったり、攻撃に悪用しやすいような情報などには価値は上がり、例えば企業のドメイン管理者アカウント情報などはかなりの高値で取り扱われます。

　また、被害企業が特定できるような情報はフォーラム上には掲載しないといった、価値を下げないような工夫もされています。仮に被害企業が特定できるような情報を掲載した場合、善意のリサーチャ等が本情報を特定し、当該企業に対して注意喚起を行うことで侵入口がふさがれてしまう（＝情報の価値が失われてしまう）可能性があるからです。したがって、フォーラム上では、企業名は伏せて、その企業の年間売上情報であったり、従業員数や業種等の属性情報が掲載されることが多いです。しかし、企業名や取り扱う情報の詳細が購入するまで伏せられているとすると、購入する側としては信用できる情報が少ないため心理的ハードルが上がります。そこで、ほとんどのフォーラムでは、一般のマーケットと同じく、売り出しているユーザの評価方式が採用されています。購入する側としては、当然評価の高いユーザのほうが信用のおける情報を取り扱っている可能性が高いと判断しやすく、掲載する側としては評価を上げるために相手を騙したり価値の低い情報を取り扱ったりしないモチベーションが働きます。

　当該情報は活発にやり取りがされていて、2023 年においては特定のフォーラムにおいて 110 もの IAB から情報が掲示され、ひとたび掲示されると約 1.6 日で売却されていたという報告もあります。[11]

2.2 攻撃ステップとその詳細

2.2.1 全体

　標的型ランサムウェア攻撃では、その過程において、目的達成のためにありとあらゆる手段が使用されます。したがって、攻撃の過程で使用される不正プログラムや攻撃手法の種類は膨大に存在しますが、ターゲットの環境へ侵入してから、最終的にランサムウェアを実行するまでにたどる攻撃ステップに着目すると、ある程度共通性があることが分かっています。

　具体的には表2.3の8つの攻撃ステップです。各ステップの概要と、それらがMITRE社の定義するATT&CKのどのTacticsに対応しているかも併記しました。

■ 表2.3　標的型ランサムウェア攻撃における攻撃ステップ

#	ステップ	ATT&CK	目的
1	初期侵入	TA0001	ターゲットの環境に侵入する
2	検出回避	TA0005	後の攻撃で使用する不正プログラムが検出されないような手段を図る
3	コールバック	TA0003/0011	侵入した環境から攻撃者サーバへ通信を行い、環境をいつでも遠隔操作できるような基盤を整える
4	認証詐取 / 権限昇格	TA0004/0006	より高い権限を奪取し、活動範囲の拡大を図る
5	内部探索	TA0007	環境内の到達可能な端末とその情報の一覧化を図る
6	横展開	TA0008	他の端末への侵入を繰り返し、侵害範囲の拡大を図る
7	データ持ち出し	TA0010	脅迫に使えそうな価値ある情報を収集し、攻撃者側の環境へ持ち出す
8	ランサムウェア実行	TA0040	環境上のファイルを暗号化して業務停止を図る

MITRE ATT&CK（マイターアタック）は、サイバー攻撃手法を体系的に整理したフレームワークです
https://attack.mitre.org/

ただし、すべての攻撃が順番どおりに行われるわけではなく、各ステップを行き来したり、また必要がなければいくつかのステップが省略されることもあります。また、攻撃者がターゲットの環境に侵入してからランサムウェアを実行するまで、平均で5.8日かかるというデータもあります。[12]

目に見えて分かる被害は環境の暗号化による業務停止のため、標的型ランサムウェア攻撃の対策を検討するとなると、どうしても「暗号化をどのように止めるか」という視点になりがちです。しかし、重要なことは、暗号化の前にもこれだけ多くの攻撃ステップを経ていることを理解し、それぞれの攻撃ステップに対して有効な対策を多層的に講じることで、一連の攻撃ステップの中のどこかで攻撃を確実に止めていくという考え方になります。

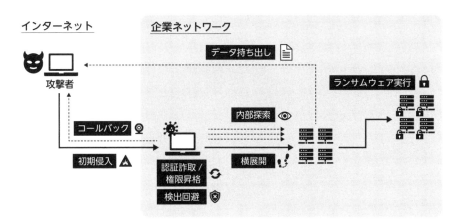

■図2.11　標的型ランサムウェア攻撃のステップ

以降は、各攻撃ステップにおいてどのようなツールや手法が使用されるのか、その代表的な例と共に解説します。

2.2.2 初期侵入

　初期侵入は、Affiliateがターゲットの環境に密かに侵入するフェーズです。42ページで記載したとおり、IABから購入したアクセス情報を用いて侵入するケースが多いと考えられています。

　それでは具体的に、どのような手法を用いてターゲットの環境へ侵入するのでしょうか。筆者らがこれまで標的型ランサムウェア攻撃のインシデント対応をしていて、初期侵入に使用される手法として観測されたものとして圧倒的に多かったのは次の2つとなります。

- SSL-VPN製品の脆弱性を悪用した侵入
- 公開ポートからの侵入

　図2.12は、第1章でも言及した、標的型ランサムウェア攻撃における初期侵入経路として多かった統計となりますが、やはりこの2つに関しては一般的にも起点として広く悪用されている経路となっています。

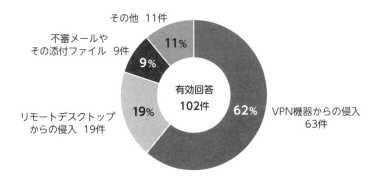

■図2.12　初期侵入で多かった経路

2.2.2.1 SSL-VPN製品の脆弱性を悪用した侵入

　昨今リモートワークも定着しており、自宅等の遠隔地からSSL-VPNを使って自社環境へ接続することも増えていることから、これらのSSL-VPN製品を起点に侵入してくる傾向が非常に強くなっています。

　どのような手法で、攻撃者はSSL-VPN製品を起点に侵入してくるのでしょうか。例えば、代表的なSSL-VPN製品にFortinet社のものがありますが、本製品には脆弱性（CVE-2018-13379）が存在していました（現在はパッチが提

供されています）。この脆弱性を悪用すると、本製品上の任意のファイルを遠隔から読み込むことが可能となってしまいます。[13]

IABをはじめとする攻撃グループは、当該脆弱性を悪用することで本製品に保存されている認証情報（ユーザアカウント名や平文のパスワード）を詐取し、これらの正規アカウントを悪用して環境へ侵入します。

本脆弱性に限って言えば、これが悪用されたことで世界の8.7万件もの認証情報が詐取され流出したと言われています。[14]

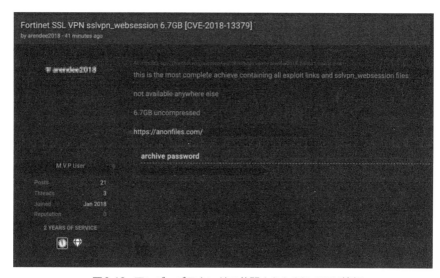

■図2.13　アンダーグラウンドで公開されたSSL-VPN情報

たとえ脆弱性のパッチをあてたとしても、既に VPN アカウントの認証情報が詐取されてしまっていた場合は、本認証情報を変更しないかぎり侵入されてしまう可能性があります。したがって、このような脆弱性の存在する VPN 装置を使用していた場合は、パッチの適用とあわせて、VPN アカウント情報の変更が推奨されます。

2.2.2.2　公開ポートからの侵入

インターネットから到達可能な端末上の特定ポートから侵入する手法も、非常に多い経路の1つです。主に狙われるポートとしては、リモートデスクトップが動作する3389/tcpや、SMBが動作する445/tcpが多く、これらのポートに対して、IABから購入した認証情報を悪用したり、あるいは総当たり攻撃を

用いて正規のアカウントで侵入してくる手法がよく見られます。

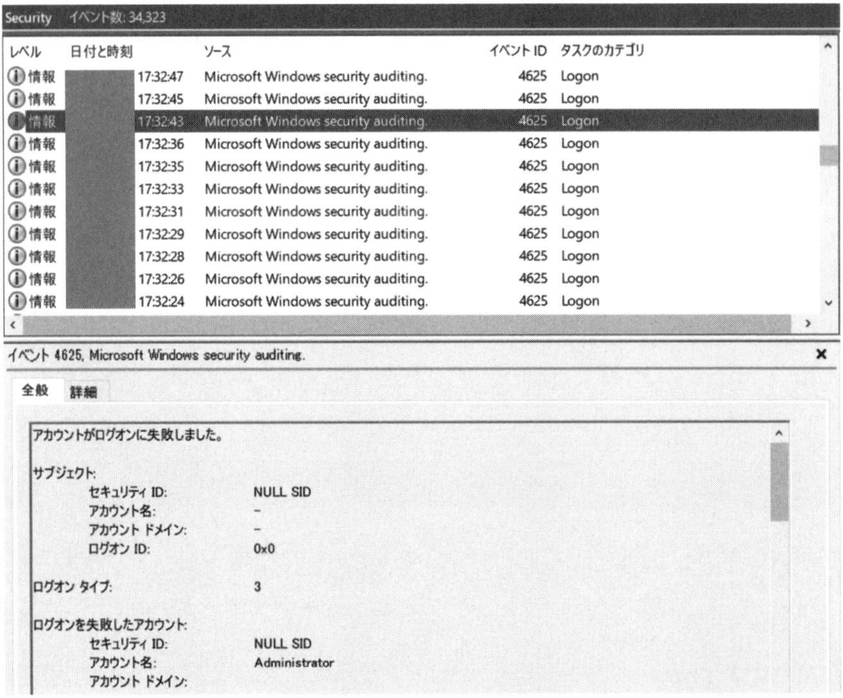

Security	イベント数: 34,323				
レベル	日付と時刻	ソース		イベント ID	タスクのカテゴリ
ⓘ 情報	17:32:47	Microsoft Windows security auditing.		4625	Logon
ⓘ 情報	17:32:45	Microsoft Windows security auditing.		4625	Logon
ⓘ 情報	17:32:43	Microsoft Windows security auditing.		4625	Logon
ⓘ 情報	17:32:36	Microsoft Windows security auditing.		4625	Logon
ⓘ 情報	17:32:35	Microsoft Windows security auditing.		4625	Logon
ⓘ 情報	17:32:33	Microsoft Windows security auditing.		4625	Logon
ⓘ 情報	17:32:31	Microsoft Windows security auditing.		4625	Logon
ⓘ 情報	17:32:29	Microsoft Windows security auditing.		4625	Logon
ⓘ 情報	17:32:28	Microsoft Windows security auditing.		4625	Logon
ⓘ 情報	17:32:26	Microsoft Windows security auditing.		4625	Logon
ⓘ 情報	17:32:24	Microsoft Windows security auditing.		4625	Logon

イベント 4625, Microsoft Windows security auditing. ✕

全般　詳細

アカウントがログオンに失敗しました。

サブジェクト:
　　　　セキュリティ ID:　　　　　NULL SID
　　　　アカウント名:　　　　　　－
　　　　アカウント ドメイン:　　　－
　　　　ログオン ID:　　　　　　　0x0

ログオン タイプ:　　　　　　　　3

ログオンを失敗したアカウント:
　　　　セキュリティ ID:　　　　　NULL SID
　　　　アカウント名:　　　　　　Administrator
　　　　アカウント ドメイン:

■図2.14　公開ポートに対して総当たり攻撃を受けた痕跡

　しかし、一般的に公開サーバでは不要なポートはデフォルトで閉塞されていて、特に3389/tcpや445/tcpについてもインターネットには開放されていないケースのほうが多いことが考えられます。

　それでは、どのような端末が当該手法の侵入口となることが多く、またどういった理由でポートが公開されているのでしょうか。

　筆者らがこれまで対応してきたインシデントを振り返ると、次の3つの理由で公開ポートから侵入されることが多いと感じています。

1. サーバのメンテナンス時に一時的に開放したポートの閉塞忘れ

　普段はインターネットからの通信を厳しく制限しているにも関わらず、遠隔地からのサーバメンテナンス時に一時的にポートを外部に開放し、作業終了後もそのまま閉じ忘れてしまうことで、当該ポートから攻撃者に侵入されてしまったケースに

何度か遭遇しました。

その中でも、クラウド環境に関しては、メンテナンス時にどうしてもリモートアクセスが必要となるため、設定を一時的に変更した後にそのまま元に戻すことを忘れてしまう傾向が強いと感じています。

例えば、筆者らが対応したインシデントの中で、AWS上に構築していた環境が被害にあってしまったケースがありました。AWSではSecurity Groupと呼ばれる機能によって細かいアクセス制御が可能ですが、このケースでは、メンテナンス時に3389/tcpのポートをインターネットに開放し、その後閉塞し忘れたまま1年以上放置されてしまっていました。

■図2.15　インターネットに3389/tcpが開放されたセキュリティグループ

2. 業務端末に内蔵されているSIMカードの仕様

ここ最近増加していると感じているのが、業務で使用しているSIMカード起点で侵入されるケースです。外出時にインターネットへのアクセスを確保するため、SIMカードが内蔵された業務端末を従業員に貸与して運用している企業も増えていると思います。

しかし、SIMカードを発行している通信事業者によっては、グローバルIPアドレスが付与される仕様のものがあります。そのようなSIMカードを使用していて、かつ端末上でファイアウォールが正しく設定されていない場合、当該端末はインターネットへ晒され続けることになり、そこから攻撃者の侵入を許してしまう可能性が

あります。

　筆者らが対応したインシデントでは、そもそも使用中の SIM カードにインターネットからアクセスできてしまうようなグローバル IP アドレスが付与されていることに気づいていない被害企業がほとんどであったため、同様の運用をしている場合は、これを機に仕様を確認してみると良いでしょう。

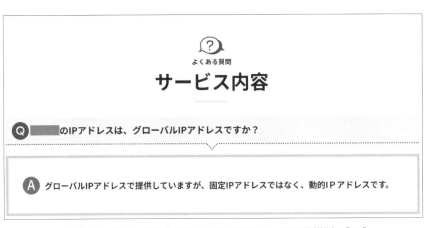

■図2.16　グローバルIPが付与されるSIMカードの仕様例　［15］

3. クラウド移行のタイミングで誤って特定の端末を公開してしまう

　昨今、運用上のコストメリットやそのスケールのしやすさから、クラウド上に自社環境を構築することも多くなっており、これまで自社内に構築していた環境をクラウドへ移行する企業も増えていると思います。クラウドへ移行するタイミングで、環境の設定が正しく引き継がれずに誤ったまま放置されてしまうケースに遭遇したことがあります。このケースの場合は、本来外部へ公開するはずのない基幹サーバの一部を、クラウド移行のタイミングで誤って公開設定にしてしまい、そこをきっかけとして攻撃者に侵入されてしまいました。

2.2.3 検出回避

ターゲット環境への侵入に成功した攻撃者は、最終目標であるデータ持ち出しとランサムウェアの実行に向けて、さまざまな手法を用いて内部探索活動を開始します。しかし、そのような探索活動の過程で被害者側に気づかれてしまうと、対策を施されてしまい、攻撃自体が失敗に終わってしまうリスクがあります。気づかれてしまう一番のきっかけとしては、環境に導入されているセキュリティ対策製品による検出でしょう。そこで、攻撃の過程では、そのような製品の検出を回避するようなさまざまな工作が施されます。

その中でも、一番確実で手っ取り早い方法として、端末にインストールされているセキュリティ対策製品自体を無効化してしまう手法があります。ひとたびセキュリティ対策製品を無効化してしまえば、本来検知およびブロックされるはずの著名な不正プログラムも自由に実行することができてしまうため、攻撃者側としては好んでセキュリティ対策製品を無効化をする傾向があります。

ここでは、昨今のインシデントの中でもよく観測されるセキュリティ対策製品の無効化手法について取り上げて解説します。

2.2.3.1 正規のカーネルモードドライバの悪用

例えば新しいセキュリティ対策製品を契約/購入して、これまで使用していた製品と入れ替える必要性が生じた際、どのようにして既に端末にインストールされている製品を取り除くでしょうか。当該製品の管理コンソールに管理者アカウントでログインし、ベンダから提示されている手順に沿って、対象の端末からエージェントをアンインストールすると思います。

一般的に、この正規の手順以外の方法で、端末にインストールされているセキュリティ対策製品を無効化することはできません。例えば、タスクマネージャを開いて、対象のセキュリティ対策製品のプロセスを右クリックし、「タスクの終了」ボタンを押下しても通常であればエラーメッセージが表示されて失敗します。これは、セキュリティ対策製品のベンダ側がそのような仕様にしているからです。ベンダ側としても、対策製品を簡単に無効化されてしまうと元も子もないため、不正な手順で無効化するような挙動を検知し、それをブロックするような仕組みを実装しています。

■図2.17　セキュリティ対策製品のプロセスの停止に失敗した画面

　しかし、昨今の標的型ランサムウェア攻撃では、このような製品仕様をかいくぐってセキュリティ対策製品を無効化してしまう巧妙な手法が使われています。それが、正規のカーネルモードドライバを悪用する手法です。

　カーネルモードドライバとは、その名のとおりカーネルモードで動作するドライバのことを示しています。カーネルモードとは、OSの核となるような重要なコンポーネントが動作する領域であり、システムリソースへ直接アクセスが可能といった非常に高い特権が付与されています。攻撃者は、この非常に高い特権が付与されたカーネルモードドライバを使うことで、セキュリティ対策製品のプロセスを強制停止を試みるのです。

　ただし、攻撃者が自分で開発したカーネルモードドライバを持ち込んで攻撃に使うことは通常であればできません。なぜなら、WindowsOSには、ドライバを使用する際に電子署名がされているかどうかを検証する機能が実装されているからです。署名のないドライバをインストールしようとすると、エラーが表示されてインストールに失敗します。したがって、攻撃の際には署名のされている正規のカーネルモードドライバが悪用されます。標的型ランサムウェア攻撃のインシデント現場では、しばしば表2.4のツールが悪用された痕跡に遭遇しますが、これらはすべて署名の付いたカーネルモードドライバを使用します。

本来表 2.4 のツールは、システムリソースの監視や不正プログラムの検証等に使うことを目的としたツールですが（筆者らもインシデント対応で採取した不正プログラムを検証するのに利用します）、これらのツールの使うカーネルモードドライバには任意のプロセスを強制停止可能な機能が備わっているため、攻撃者はこれを悪用してセキュリティ対策製品のプロセスを強制停止して無効化します。

■ 表2.4　しばしば悪用されるツール例

ツール名
Process Hacker
PC Hunter
GMER

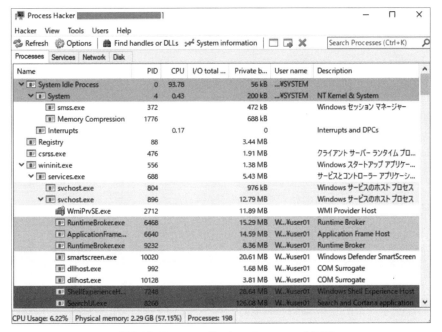

■ 図2.18　Process Hackerのコンソール画面

2.2.3.2 正規のカーネルモードドライバに存在する脆弱性の悪用

すべてのカーネルモードドライバに、任意のプロセスを強制停止する機能が備わっているわけではありません。表 2.4 の 3 つのツールはその代表的なものですが、逆にいうと、これら以外のツールを見かけることはなかなかないくらい、数としてはそこまで多くない印象です。また、こういったツールに関してはそのほとんどがセキュリティ対策製品側でパターン対応されているため、悪用されたとしても検出が可能な状態となっていることがほとんどです。

そこで、さらに洗練された手法を使うケースが昨今では増えています。それが正規のカーネルモードドライバに存在する脆弱性を悪用した手法です。

署名の付いたカーネルモードドライバを悪用するという点では同じなのですが、本手法に関しては、任意のプロセスを強制停止するような設計には本来なっていないドライバが悪用されるという点で異なります。本来そのような設計にはなっていないにも関わらず、当該ドライバに存在している脆弱性が突かれることで、強制的に特定のプロセスを停止するような機能が呼び出され、セキュリティ対策製品を無効化します。最近の事例だと、とあるオンラインゲームのカーネルモードドライバが悪用された事例がありました。[16]

2.2.3.3 正規の手順でのアンインストール

セキュリティ対策製品の管理コンソールに管理者アカウントでログインして、そこからベンダの提供する手順で対象端末からエージェントをアンインストールするやり方が、正規の製品のアンインストール方法です。

逆に言うと、当該管理者アカウントが攻撃者によって詐取されてしまうと、カーネルモードドライバの悪用といった手法を用いなくても、正規の手順で手っ取り早くエージェントをアンインストールすることができてしまいます。

筆者らも、本手法でセキュリティ対策製品が攻撃者によってアンインストールされてしまったケースに何度か遭遇したことがあります。これらのケースでは、IT 担当者端末のブラウザに保存されていた管理者アカウントの認証情報が詐取されてしまったことが原因でした。Chrome 等のブラウザには、ログインの際、認証情報を何度も入力する手間を省くために、ブラウザ上に認証情報を保存する機能が実装されています。「認証詐取 / 権限昇格」でも後述するようなハッキングツール等を用いると、簡単にこのような認証情報を抜き取ることができてしまうため、注意が必要です。

■図2.19　Chromeの認証情報保存機能

2.2.4　コールバック

　攻撃者がターゲットの環境へ侵入してから最終的な目的を達成するまでに約5.8日かかることが分かっています。その間、攻撃者は環境に潜伏しているわけですが、何らかの理由で初期侵入に使った経路が塞がれてしまう可能性があります。例えば、SIMカード経由で業務端末に侵入したものの、本端末のユーザが長期休暇に入って端末の電源をしばらく落としてしまった場合、同じ経路で再侵入することができなくなってしまいます。

　そのようなリスクに備えて、攻撃者はより盤石な侵入経路を確保することがあります。その代表例が、ターゲット環境にバックドアを仕込んで、攻撃者側の環境にコールバックさせる手法です。コールバックとは、ターゲットの環境内部から攻撃者側の環境へと通信を定期的に行い、その通信に対して具体的な要求を乗せたレスポンスを返すことで、ターゲット環境に仕込んだバックドアから端末を遠隔操作する手法です。

　インターネットにいる攻撃者側からターゲット環境に通信を行っても、通常であればファイアウォールでブロックされてしまいます。しかし、環境内部からインターネットに出ていく通信は制限されていないことが多いため、このような手段が取られるわけです。

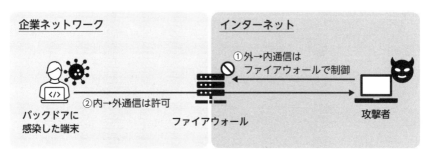

■図2.20 コールバック通信

　ここでは、標的型ランサムウェア攻撃のインシデント現場でよく見られる、コールバックによる端末の遠隔操作の具体的な手法を2つ紹介します。

2.2.4.1 ペネトレーションテストツールの悪用

　ペネトレーションテストツールとは、企業や組織のセキュリティを評価するために使用される攻撃再現用ツールです。代表的なものとしては表2.5がありますが、これらは実際の攻撃にもしばしば悪用されることがあります。ペネトレーションテストで使用されるツールであるが故に、例えば、権限昇格や横展開のような攻撃用モジュールが豊富に実装されているため、攻撃者はこれを実際の攻撃に悪用するのです。

■表2.5　頻繁に悪用されるツール

ツール名
Cobalt Strike
Metasploit
Sliver
Brute Ratel C4

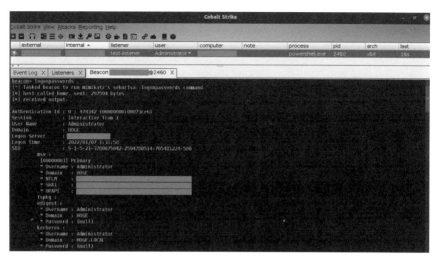

■ 図2.21　Cobalt Stikeサーバから遠隔操作するコンソール画面

使い方の手順はどのツールも概ね同様で、次のようになっています。

1. ペネトレーションテストツールのサーバを攻撃者側の環境に構築する
2. サーバ上で、エージェント（バックドア）を生成する
3. 生成したエージェントをターゲットの環境に持ち込み実行する
4. エージェントからサーバへ定期的に通信が発生し、サーバからの遠隔操作が可能となる

　手順2においてエージェントを生成する際は、エージェントプログラムをどのような形式にするかを自由に設定することができます。例えば、EXEのような実行ファイル形式はもちろんのこと、PowerShellスクリプトのような形式で生成することも可能です。EXEの代わりにPowerShellコマンドを使用すると、侵入端末上でディスクの書き込みが生じない、いわゆるファイルレス攻撃が可能となるため、セキュリティ対策製品による検知をかいくぐることが可能になることがあります。また、どのようなプロトコルでコールバックさせるかを選択することもできます。例えばコールバックのプロトコルにHTTPS通信を使用すると、通信経路上に例えばIDS製品があったとしても、通信内容はSSL通信で暗号化されているため、これも検知をかいくぐることができる可能性があります。

ただし、生成したエージェントを侵入端末で起動しても、例えば端末の再起動のタイミングで停止してしまっては元も子もありません。そこで、どのような状況でもエージェントが起動するような永続化の工夫が施されることがほとんどです。その代表的な手法としては下記があります。

■表2.6 代表的な永続化手法

#	手法
1	Windows サービスへの登録
2	レジストリ（Run キー）への登録
3	タスクスケジューラへの登録

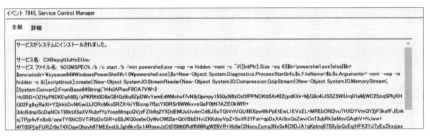

■図2.22 Windowsサービスに登録されたPowerShell形式のエージェント

2.2.4.2 正規のリモート管理ツールの悪用

2.2.4.1項で説明したペネトレーションテストツールに関しては、セキュリティ対策製品側でパターンファイル対応を行っていて検知可能なものも存在します。そこで、昨今では、通常の運用でもよく使われるような正規のリモート管理ツール（RMM: Remote Monitor and Management）を悪用して遠隔操作を行うケースが増えています。

RMMとは、本来はIT担当者がIT環境の監視や管理を行うためのソフトウェアで、RMMのエージェントが動作する端末を、あたかもリモートデスクトップでログインしているかのようにIT担当者端末側から遠隔操作をすることが可能になります。

動作のしくみはペネトレーションテストツールとほぼ同じで、端末にRMMのエージェントをインストールすると、本サービスが動作するリレーサーバに

対して定期的に通信を行います。IT 担当者あるいは攻撃者は、自身の端末にインストールしたアプリケーション、あるいは SaaS（Software as a Service）の形態で提供されているインターネット上の管理コンソールから、リレーサーバ経由でエージェントの動作している端末を遠隔操作します。

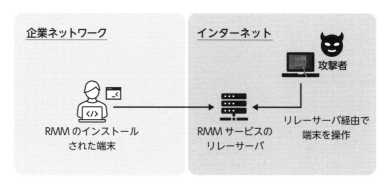

■図2.23　RMMの通信の流れ

　RMMの例としては下記があります。繰り返しになりますが、これらはいずれも、本来は IT 担当者が自社端末をリモートからメンテナンス目的に操作する際に使われる商用ツールです。運用で使用されている企業も非常に多いため、セキュリティ対策製品で検出することが困難な点が厄介です。また、これらのツールには、遠隔操作の機能だけではなく、ファイル転送やスクリプト実行等の攻撃にも有用なさまざまな機能が具備されているものがほとんどのため、攻撃者は好んで悪用していると考えられます。

■表2.7　悪用事例のあるRMMツール例

#	ツール名
1	Atera RMM
2	AnyDesk
3	Splashtop
4	TeamViewer

■図2.24 Atera RMMの管理コンソール画面

なお、筆者らは2023年1月にこれらのRMMの機能や対策について詳細な発表を行っていますので、興味のある方は是非確認してください。本書に書き切れないような各ツールの特徴や痕跡の残り方なども記載しています。

https://jsac.jpcert.or.jp/archive/2023/pdf/JSAC2023_1_1_yama
shige-nakatani-tanaka_en.pdf

2.2.5 認証詐取 / 権限昇格

2.2.5.1 なぜ攻撃者は高い権限を狙うのか

攻撃者がターゲットの環境へ侵入し、その後侵害範囲を広げていくにあたって、その過程で必ず高い権限（管理者権限やシステム権限）を奪取しようと試みます。高い権限を持っているほうが、攻撃者のできることが格段に広がるからです。

まず、攻撃者の実行できるツールの種類が広がります。例えば、「検出回避」で紹介したカーネルモードドライバを悪用する際や、「コールバック」で紹介したバックドアエージェントをWindowsサービスに登録する操作等は、基本的に管理者権限を持っていないと実施することができません。

次に、攻撃者のアクセスできる領域が広がります。例えば、役員のアカウントでしか閲覧/編集できないファイルを発見したとしても、その時点で攻撃者が一般社員のアカウントしか取得していなければ、ファイルの中身を確認することはできません。また、各端末のシステムファイルの類は、基本的に管理者権限がないと編集することはできません。

以上の理由から、攻撃者は高い権限を狙って、認証情報の詐取および権限昇格を繰り返していきます。とりわけ、ドメイン管理者アカウントに関しては、ターゲットの環境すべてに対してあらゆる操作が可能となるアカウントのため、攻撃者が権限昇格を行っていく際の最終目的地となります。

2.2.5.2 狙われるアカウントの種類

下記に狙われやすいアカウント例と、それの持つ権限を記載しました。攻撃者は一般的に、詐取しやすい標準ユーザアカウントを使って侵入し、ドメイン管理者アカウントに向かって順番に昇格を試みます。

■表2.8 狙われやすいアカウント

権限	アカウントの種類	概要
低	標準ユーザアカウント	一般従業員のアカウントに相当します。基本的な操作やアプリケーションの使用が可能ですが、自分自身でインストール／アンインストールを行うことができません。また、システムやセキュリティに影響を与えるような設定変更も行うことができません。
中	ローカル管理者権限アカウント	その端末に対してのみ管理者権限を持つアカウントです。本端末のシステムやセキュリティに対する設定変更やプログラムのインストール等、すべての操作が行うことができます。
大	サーバ管理者のアカウント	環境内のサーバ全体に対する管理者権限を持ちます。例えば、サントに対するプログラムのインストール／アンインストールや、ネットワークの設定変更等が可能です。
最大	ドメイン管理者アカウント	ドメイン全体を管理する権限を持つアカウントに相当します。ドメイン内のすべての業務端末やサーバ、アカウントの管理者権限を持つほか、グループポリシーを用いてドメイン全体の設定を行うことも可能です。

2.2.5.3 認証情報の保存先

認証詐取／権限昇格の手法を理解していく上で、Windows 端末のどこにどのような認証情報が保存されているかをおさえておくと、その理解が早くなります。攻撃者がどのような手法を使おうと、盗み取ろうとする認証情報の保存されている場所は変わらないからです。

その中でも、とりわけよく狙われる保存先を一覧にすると次ページの表2.9になります。続いて、それぞれについて解説していきます。

■ 表2.9 Windowsにおける認証情報の代表的な保存先

#	保存先	実体	保存されている認証情報
1	LSASS プロセス	メモリ上の領域	ログイン中アカウント認証情報のキャッシュデータ
2	LSA シークレット	HKLM¥Security¥Policy¥Secrets	サービスアカウント、スケジュールタスク等の認証情報
3	SAM データベース	HKLM¥SAM	ローカルアカウントの認証情報
4	資格情報マネージャ	%Systemdrive%¥Users¥[Username]¥AppData¥Local¥Microsoft¥[Vault または Credentials]¥	1. RDP やネットワーク共有等を実施した時の認証情報 2. Web サービスの認証情報
5	ドメインアカウントキャッシュ	HKLM¥Security¥Cache	その端末でログインした、過去 10 回分のドメインアカウント情報
6	ブラウザ	ブラウザによって異なる	Web サイトの認証情報
7	NTDS データベース	%SystemRoot%¥NTDS¥ntds.ditt	全ドメインアカウントの認証情報

1. LSASS プロセス

LSASS（Local Security Authority Subsystem Service）とは簡単に言えば、Windows 端末上で行われる認証を司るプログラムです。例えば、ユーザがログインする際にその正当性を検証したり、アカウントを管理したり、セキュリティイベントをログに書き出す等の働きをします。

本プログラムは Windows OS と共に起動され、動作中に認証が行われると、その認証情報を本プロセスが展開されているメモリ領域上にキャッシュします（メモリ上にキャッシュされる情報のため、端末の電源 OFF や再起動と共に失われます）。

> **キャッシュ：**次に利用する際にすぐに利用できるように一時保存する動作のこと。

攻撃者は、このキャッシュされた認証情報を狙ってきます。例えば、従業員Aの端末であるPC-Aに、当該従業員の標準ユーザアカウントを使って攻撃者が侵入したとします（図2.25の①）。その状態で、IT担当者がメンテナンスのために、高い権限を持つヘルプデスクのアカウントを使ってリモートデスクトップでPC-Aにログインしたとします（図2.25の②）。ログイン時にLSASSプロセスがその認証を行いますが、ひとたび認証に成功してログインが行われると、そのヘルプデスクアカウントの認証情報がメモリ上にキャッシュされます。攻撃者はそのキャッシュを盗み見て、ヘルプデスクアカウントの認証情報を詐取することで、標準ユーザである従業員Aのアカウントから、高い権限へ昇格することが可能となってしまうわけです（図2.25の③）。

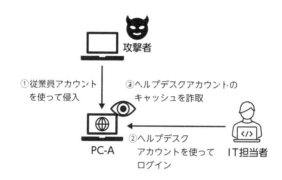

■図2.25 キャッシュから認証情報を詐取する流れ

2.LSAシークレット

LSAシークレットとは、認証情報等の重要な情報が保存された、LSASSによって使用される領域です。LSASSプロセス上のキャッシュと似ていますが、こちらはメモリではなくディスク上の領域です。具体的には、下記レジストリに書き込まれています。

HKLM¥Security¥Policy¥Secrets

当該領域には、その端末上のWindowsサービスを動かしているアカウントの認証情報や、スケジュールタスクを実行するアカウントの認証情報が保存されています。例えば、従業員の端末上でバックアップサービスをドメイン管理者アカウントで動かしている場合、ドメイン管理者アカウントの認証情報がLSAシークレットに保存されます。

■図2.26 ドメイン管理者アカウントによって動作しているサービス（BackupService）

3. SAMデータベース

SAMデータベースは、Windowsのローカルアカウント情報が保存されている領域です。ユーザ名と、ハッシュ化されたユーザパスワードが格納されています。具体的には下記レジストリに書き込まれています。

```
HKLM¥SAM
```

Active Directory環境であれば、ユーザの認証はドメインコントローラで行われますが、ワークグループ環境の端末にログインを実施すると、当該領域に保存されている認証情報を使って認証が行われます。

4. 資格情報マネージャ

Windows端末からネットワーク上のリソースやWebサイト、アプリケーションへアクセスした際に使用された認証情報が保存される領域です。

例えば、共有フォルダ等のネットワークリソース上の情報にアクセスする際、図2.27に示すようなサインイン画面で認証情報を保存するかどうか選択できます。ここで「資格情報を記憶する」にチェックを入れると、資格情報マネージャ上に当該認証情報が保存されます。

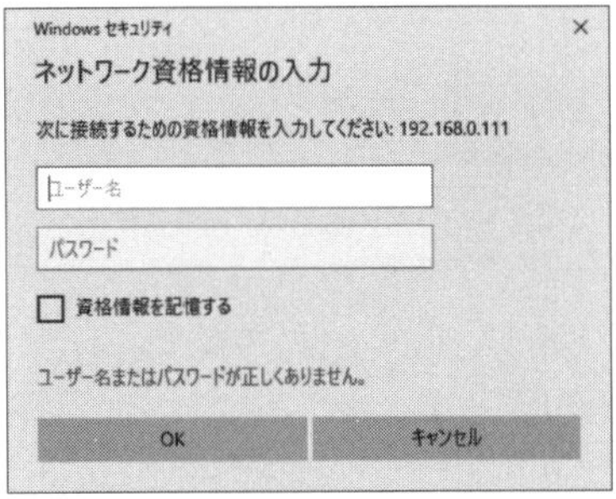

■図2.27
ネットワーク資格情報の入力画面

■図2.28　資格情報マネージャーに保存された認証情報

5.ドメインアカウントキャッシュ

Active Directory 環境で端末にログイン試行をする際、ログイン試行する端末とドメインコントローラの間で通信が発生し、ユーザ認証が行われます。

それでは、例えばユーザが端末を自宅に持ち帰り、Active Directory 環境に接続できないような環境で端末にログインしようとするとどうなるのでしょうか。この際には、端末上のキャッシュにより認証が行われます。

一度 Active Directory 環境でユーザ認証に成功すると、当該認証情報が端末の下記領域にキャッシュされます（デフォルトで過去10回分）。この状態で、ドメインコントローラに接続できない環境からログイン試行を行うと、キャッシュされた認証情報を使って端末上で認証が行われます。

```
HKLM¥Security¥Cache
```

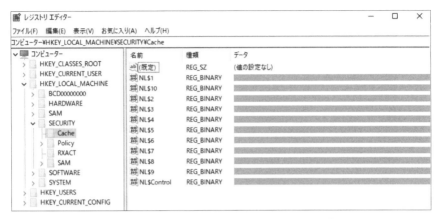

■図2.29　キャッシュされたドメインアカウント情報

6.ブラウザ

ChromeやFirefoxといったブラウザを使ってWebサイトにログインした際、認証に使用したID/パスワード情報をブラウザ上に保存するかどうか選択する画面が表示されます。

ここで「保存」ボタンを押すと、そのブラウザが管理する、端末上の特定の領域に当該認証情報が保存されます。次回から同じWebサイトにログインしようとすると、ブラウザは保存された認証情報を参照して、認証をスキップすることが可能となります。

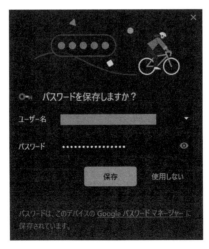

■図2.30　Google Chromeの認証情報保存機能

7. NTDS データベース

NTDS データベースは、ドメインコントローラ上に存在する、Active Directory 環境の全ドメインアカウント情報が保存されているデータベースです。すべてのドメインアカウント情報が格納されているため、本情報が詐取されてしまうと、Active Directory を完全に掌握されてしまうおそれがあります。

2.2.5.4　具体的な攻撃手法

ここまで、Windows 端末上に保存される認証情報とその保存先について解説を行いました。ここからは、これらの認証情報を攻撃者がどのようにして詐取しようと試みるのか、その攻撃手法について、実際の事例を交えながら解説をしていきます。

・ハッキングツールを使う手法

インシデントの現場で必ずともいっていいほどよく見られるのが本手法です。

使用されるハッキングツールはさまざまで、例を挙げると表 2.10 のようなものがあります。その中でも、代表的なものに Mimikatz と呼ばれるツールがあります。本ツールは、標的型ランサムウェア攻撃以外のインシデントの場でも見かける程、攻撃者に広く使われているもので、これを使用すると端末に保存されているあらゆる認証情報を詐取することが可能となります。Windows 環境における認証情報の主な保存先として 7 つを先述（2.2.5.3 項）しましたが、Mimikatz を使うと 7 つすべての保存先から認証情報を詐取することが可能です。

■ 表2.10　認証詐取に使われる代表的なハッキングツール

#	ツール名
1	Mimikatz
2	LaZagne
3	gsecdump

例えば従業員端末上で、とある Windows サービスがドメイン管理者アカウントによって動作しているとします。そうすると、本アカウントの認証情報は LSA シークレットに保存されますが、その状態で Mimikatz を使うと簡単に本アカウントの認証情報を詐取することができます。

攻撃者は端末を動き回り、高い権限を持つアカウント情報が残されていれば

それを詐取して、次々と高い権限へと昇格していくわけです。

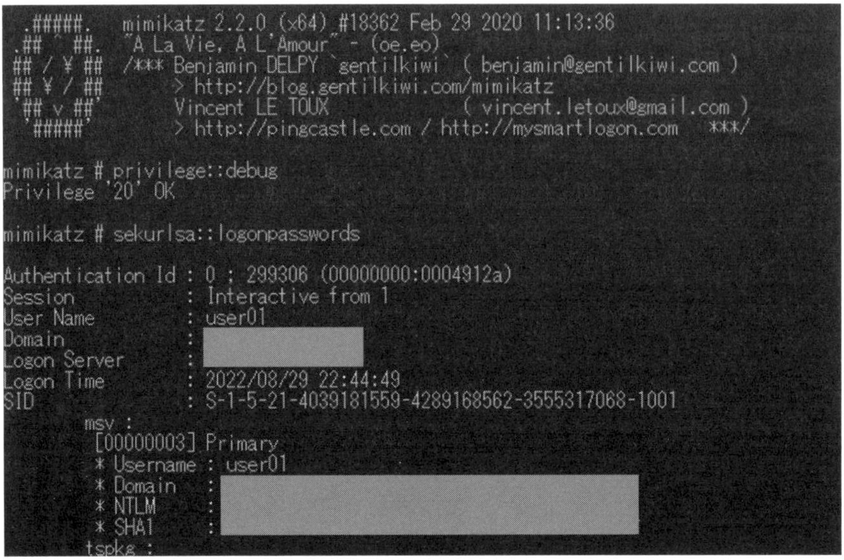

```
  .#####.    mimikatz 2.2.0 (x64) #18362 Feb 29 2020 11:13:36
 .## ^ ##.   "A La Vie, A L'Amour" - (oe.eo)
 ## / \ ##   /*** Benjamin DELPY `gentilkiwi` ( benjamin@gentilkiwi.com )
 ## \ / ##        > http://blog.gentilkiwi.com/mimikatz
 '## v ##'        Vincent LE TOUX         ( vincent.letoux@gmail.com )
  '#####'         > http://pingcastle.com / http://mysmartlogon.com   ***/

mimikatz # privilege::debug
Privilege '20' OK

mimikatz # sekurlsa::logonpasswords

Authentication Id : 0 ; 299306 (00000000:0004912a)
Session           : Interactive from 1
User Name         : user01
Domain            :
Logon Server      :
Logon Time        : 2022/08/29 22:44:49
SID               : S-1-5-21-4039181559-4289168562-3555317068-1001
        msv :
         [00000003] Primary
         * Username : user01
         * Domain   :
         * NTLM     :
         * SHA1     :
        tspkg :
```

■図2.31　Mimikatzによる攻撃コマンド実行画面

・正規ツールやコマンドを悪用する手法

表 2.10 のハッキングツールはセキュリティ対策製品でパターン対応されていることが多く、通常は製品が動いていれば検出することが可能となります。したがって、昨今では Windows にデフォルトで備わっているツールやコマンドを悪用して認証詐取を行う事例も増えてきています。攻撃者はこういった正規ツールを悪用することで、セキュリティ対策製品による検出を回避しようと試みます。

下記にその代表的な手法をいくつか紹介します。

■表2.11　正規ツールやコマンドの悪用手法

#	悪用手法
1	タスクマネージャの悪用
2	REG コマンドの悪用
3	comsvcs.dll の悪用

1. タスクマネージャの悪用

　タスクマネージャとは、Windowsに標準で備わっている、端末上で動作するプロセスやパフォーマンス情報を表示、あるいは操作するためのアプリケーションです。皆さんも、業務中にアプリケーションの動作が遅くなったり不調になった際、タスクマネージャを開いて詳細を調べたり、あるいはそのアプリケーションを強制終了した経験があると思います。

　管理者権限でタスクマネージャを起動すると、特定のプロセスが展開されているメモリ領域のダンプファイルを作成することが可能になります。

　この機能を悪用することで、攻撃者はLSASSプロセスのメモリダンプを作成し、それを解析することによって、LSASSプロセスにキャッシュされている認証情報の詐取を試みます。

■図2.32　タスクマネージャでlsassのダンプを取得する画面

> **ダンプ**: 特定のプロセスがメモリ上に展開している情報をすべて出力すること。メインではトラブルシューティングなどに用いられるが、攻撃者がメモリ上の認証情報等を盗み見る際に用いることもある。

2. REG コマンドの悪用

　REG コマンドとは、レジストリを操作する Windows コマンドです。本コマンドを使うと、レジストリ上の特定の情報を閲覧したり、あるいは操作することが可能となります。また、当該コマンドにはレジストリをダンプするオプションもついているため、攻撃者はこれを悪用することがあります。

　LSA シークレットや SAM データベース、ドメインアカウントのキャッシュが保存されている領域を REG コマンドによってダンプして、当該ファイルを解析することで、そこに保存されている認証情報の詐取を試みます。

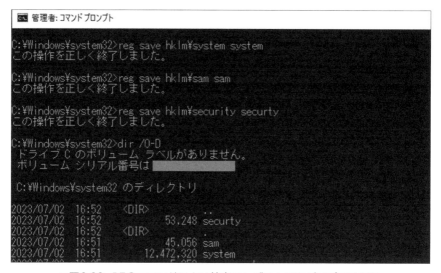

■図2.33　REGコマンドにより特定のレジストリをダンプする画面

3. comsvcs.dllの悪用

　comsvcs.dll とは、Windows に標準で備わっているライブラリファイルの1つです。本ライブラリファイルには、任意のプロセスが展開されているメモリ領域のダンプファイルを作成する機能が備わっています。攻撃者は LSASS プロセスのメモリダンプを作成し、それを解析することによって、LSASS プロセスによってキャッシュされている認証情報の詐取を試みます。

```
管理者: Windows PowerShell                                          —    □    ×

PS C:¥windows¥system32> Get-Process lsass

Handles  NPM(K)    PM(K)    WS(K)   CPU(s)   Id  SI ProcessName
-------  ------    -----    -----   ------   --  -- -----------
   1415      26     8724    55052    25.81  704   0 lsass

PS C:¥windows¥system32> .¥rundll32.exe C:¥windows¥System32¥comsvcs.dll, MiniDump 704 C:¥Windows¥Temp¥lsass.dmp full
PS C:¥windows¥system32>
```

■図2.34　comsvcs.dllを悪用してlsassのダンプを作成する画面

column

 Pass the Hash 攻撃

Windows システムには、各アカウントのパスワードの平文はそのまま保存されておらず、ハッシュ化された値（パスワードハッシュ）で保存されています。パスワードハッシュから元の平文を計算することは非常に困難なため、ハッシュされた値で保存することにはセキュリティ上のメリットがあるからです。それでは、攻撃者に認証情報のハッシュ値を詐取されたとしても、平文ではないため安全なのでしょうか。答えは NO です。攻撃者は必ずしも平文を使わずとも、このパスワードハッシュのまま特定のアカウントへ権限昇格することが可能となります。

Windows 端末にローカルアカウントを使ってログインを試みる場合、NTLM 認証という認証方式が使われます。NTLM 認証方式では、ログインに使用するアカウントのパスワードハッシュが使用されます。したがって攻撃者は、狙いを付けたアカウントのパスワードハッシュを入手すると、わざわざ平文に戻さなくても、パスワードハッシュのまま認証を突破してアカウントになりすますことができるのです。これが Pass the Hash 攻撃です。

また、Active Directory 環境においてドメインアカウントでログイン試行する場合は、NTLM 認証よりも強力な Kerberos 認証方式が使われます。ここでは、パスワードハッシュではなくチケットと呼ばれる情報が、端末とドメインコントローラの間でやり取りされて認証が行われます。しかし、Pass the Hash 攻撃の考え方と同じく、チケットを詐取してしまえば、そのユーザになりすますことが可能になってしまいます。この手法は Pass the Ticket 攻撃と呼ばれます。

・脆弱性を悪用する手法

OSやアプリケーションに存在する脆弱性を悪用して、より高い権限を持つアカウントの認証情報を詐取する手法もインシデントの現場ではよく観測されます。

例えば、Active Directoryにおいて利用されているNetlogonの脆弱性:CVE-2020-1472が悪用されたインシデントに遭遇したことがあります。当該脆弱性は通称Zerologonと呼ばれるもので、これを悪用されるとドメイン管理者権限を詐取されてしまう可能性があるものです。[17]

脆弱性を突く攻撃の怖い点としては、権限分離等の対策も飛び越えて、一撃で高い権限を詐取されてしまうところにあります。先述したようなハッキングツールや正規ツールを使って権限昇格を行うには、侵入した端末にそのような特権アカウント情報が残されている必要があるため、例えば従業員端末では管理者アカウントは無効化する等の権限分離を徹底することにより、そのリスクを減らすことが可能です。

一方、例えばCVE-2020-1472の脆弱性を突かれてしまうと、ドメインコントローラに特定のパケットを送り付けるだけで、最上位権限を持つドメイン管理者アカウントが詐取されてしまいます。したがって、重篤な脆弱性が発表された場合は速やかにパッチを当てる等の対策を日頃から実施する必要があります。

2.2.6 内部探索

ターゲットの環境へ侵入した攻撃者は、横展開を通して侵害範囲を広げる前のステップとして、そもそも環境内がどのようなネットワーク構成になっているのか、またどこにどのような端末が存在しているのかを探索します。内部探索のやり方としては、スキャニングという手法がしばしば用いられます。

スキャニングとは、侵入した端末から、特定の通信を環境内に一斉に送り付け、返ってきた応答とその内容から、どこにどのような端末がいるのかを把握する手法です。その種類にはネットワークスキャンやポートスキャン、脆弱性スキャン等さまざまな手法が存在しますが、重要な点としては、攻撃者が応答の内容を見ることで、侵害範囲を広げていく上で必要な端末情報を入手することにあります。攻撃者は、入手した情報を元に、次にどの端末に対してどのような手法で横展開を行うのかを検討するのです。

■表2.12　スキャニングで収集する情報

#	取得情報
1	IPアドレス
2	ポート番号
3	OSやアプリケーション
4	動作しているサービス

　例えば、攻撃者がスキャニングを行った結果、

1. 192.168.0.10 から応答が返ってきて、
2. ポート番号 :445/tcpが開いており、
3. Windows Server 2012 が動作していることが分かった

とします。本情報を得た攻撃者は、この端末が Windows リーバで、かつファイル共有用のポート :445/tcpが開いていることから、ファイルサーバなのではないかと予測し、機密情報を求めて横展開先の候補として選定するわけです。また、445/tcpが開いていることから、「横展開」のパートで解説する PsExecを悪用して、当該端末に対して遠隔から操作ができそうだとあたりをつけることもできます。

　ここでは、筆者らがインシデント対応の現場でしばしば遭遇する、代表的な内部探索ツールを紹介します。

・Advanced Port Scanner

フリーソフトのスキャナです。セグメントやIPアドレスを指定して一斉にスキャニングを行い、応答の返ってきた端末に関する情報を列挙します。情報の中には、その端末のIPアドレスや端末名、開いているポートはもちろんのこと、動作しているOSやアプリケーションのバージョンといったバナー情報まで一覧にしてくれます。アプリケーションのバージョンまで分かることで、例えばそこに存在している脆弱性まで予測することが可能となります。

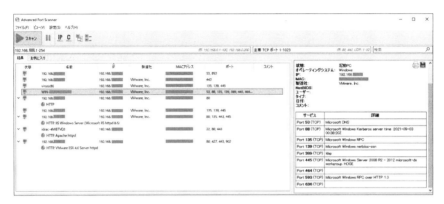

■図2.35　Advanced Port Scanner

・AdFind

IPアドレスやポートといったネットワーク情報だけではなく、Active Directory情報も、環境を把握する上で非常に有用です。

AdFindとは、Active Directory情報を探索するためのオープンソースツールです。ドメインに参加している端末や、ドメインユーザ / グループ、さらにドメインコントローラの情報までを探索し列挙することが可能となります。攻撃者は権限昇格の過程で、より高い権限を持ったアカウント、またその情報が存在している端末を探し回ります。

2.2.7 横展開

　侵入した環境内の端末やネットワーク情報を列挙した攻撃者は、狙いをつけた端末に対して横展開を行って侵害範囲を広げていきます。攻撃者が横展開を行うモチベーションとしては、二重脅迫のために利用する機密情報を探索すること、権限昇格のために特権アカウント情報を探索すること、そして最終的に暗号化を実施する上で被害範囲をできるだけ広げることなどが考えられます。

　横展開を行う上で重要なのが、他の端末へと侵入する手段です。攻撃者としては、横展開の通信がIDSのようなネットワーク型のセキュリティ対策製品に検知されず、かつ、攻撃を行う上で必要な機能を可能なかぎり有した手段を用いたいと考えます。そこで、しばしばその手段として用いられるのが、正規ツールを悪用した横展開です。特に、次の3つに関しては必ずと言ってよいほど毎回のインシデント対応の現場で遭遇します。

■表2.13　代表的な横展開手段

#	手段
1	リモートデスクトップを悪用した他端末への横展開
2	PsExec を悪用した他端末への横展開
3	WMI を悪用した他端末への横展開

2.2.7.1　リモートデスクトップを悪用した横展開

　リモートデスクトップとは、Windowsにはデフォルトで備わっているアプリケーションのことで、これを使うと、手元の端末から遠隔の端末のデスクトップ画面を操作することが可能となります。Windowsには必ず備わっていますし、またデスクトップ画面を使用してできる範囲のことはすべて攻撃に活用できるため、しばしば攻撃の過程で悪用されます。画面の操作だけでなく、クリップボード機能を使えば、端末間でファイルをコピーすることも可能です。

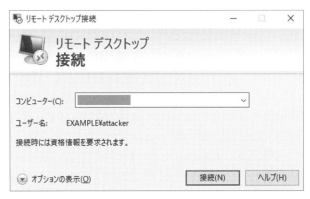

■図2.36 リモートデスクトップによるログイン画面

■図2.37 リモートデスクトップによる操作画面

2.2.7.2 **PsExec を悪用した他端末への横展開**

PsExec とは、Microsoft 社が提供している、Sysinternals と呼ばれる IT 担当者向けの無償ツールの１つです。本ツールを使うと、コマンドラインを使って遠隔の端末上に対して任意のコマンドを実行したり、または任意のファイルを転送して実行することが可能となります。

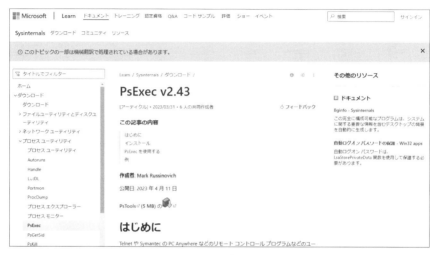

■図2.38　PsExecのダウンロード画面面

■図2.39　PsExecによる操作画面

PsExec は、Windows の管理共有と呼ばれる機能の上で動作するツールのため、その通信に SMB（Server Message Block）と呼ばれるプロトコルを使用します。SMB 自体はファイルやプリンタの共有の際にも使用されるため、大抵の Windows 端末では本サービスが動作しています。

PsExec 自体は正規のツールであり、かつ高機能で、さらに通信に使用するプロトコルも幅広い端末で使われていることから、攻撃者に悪用されることの多いツールとなります。

2.2.7.3 WMIを悪用した横展開

WMI（Windows Management Instrumentation）とはWindowsにデフォルトで備わっている機能で、元々はシステム管理のために開発された技術です。wmic コマンドによって WMI 機能をコマンドラインで扱うことが可能で、例えば CPU 使用率や動作しているサービスの情報等、システムに関わるさまざまな情報を取得することが可能です。

システム管理のために開発された技術であるが故、その汎用性は高く、例えば遠隔の端末に対しても wmicを用いて任意のコマンドを実行することが可能です。したがって、本機能が横展開に悪用されるケースもよく見かけます。

■図2.40　WMIを使った遠隔端末の操作

2.2.7.4 脆弱性を悪用した横展開

正規ツールの悪用ではないですが、システムの脆弱性を悪用して横展開を行うケースも散見されます。

脆弱性を悪用することの攻撃者側のメリットは、さまざまな不正活動を遠隔の端末に行う際に、認証をバイパスできることにあるでしょう。これまで紹介したリモートデスクトップ、PsExec、WMIに関しては、遠隔から操作をする際に本端末上で認証を突破する必要がありました。しかし、脆弱性を悪用する場合はその必要がないため、手っ取り早く、かつ大抵の場合は高い権限で不正な活動を行うことが可能になります。

筆者らがこれまでのインシデント対応で遭遇した中で、横展開に悪用されることの多かった脆弱性には下記があります。いずれも3年以上も前の脆弱性ではありますが、企業によってはパッチ管理が行き届いておらず、未だに悪用されることが多いのが実情です。とりわけ CVE-2020-1472 に関しては、2021年に最も悪用されることの多かった脆弱性の上位15に入るくらい著名なものになります。[18]

脆弱性	概要
CVE-2017-0143	
CVE-2017-0144	
CVE-2017-0145	SMB の脆弱性を突いて、遠隔の端末に対して任意のコードを実行
CVE-2017-0146	する
CVE-2017-0147	
CVE-2017-0148	
CVE-2020-1472	ドメインコントローラーに対して不正な通信を行い、ドメイン管理者権限に昇格する

2.2.8 データ持ち出し

　標的型ランサムウェア攻撃では、環境の暗号化に加えて、知的財産や機密情報といった情報資産を環境から盗み出しておいて、金銭を払わなければそれらを暴露すると脅迫を行うことも特徴の1つだと述べました。すなわち、攻撃者は攻撃の過程で、環境内の端末に対して横展開を繰り返し、脅迫に使う情報を探し出したのち、それらを攻撃者の環境へと持ち出すフェーズを経ます。

　そもそも、どのような情報が攻撃者に狙われるのでしょうか。当然、攻撃者としては脅迫により身代金を払ってもらえる可能性が高くなるような情報、つまり企業にとって価値のある情報が狙われます。筆者らが経験したインシデント対応では、表 2.15 のようなものがありました。

■表2.15 攻撃者に狙われやすい情報

情報種別	例
個人情報	従業員のパスポートのスクリーンショット、給与明細が記載された pdf ファイル
顧客情報	取引明細が記載された pdf ファイル、取引先情報が記載されたエクセルファイル
製品情報	未発表のサービスの企画書、製品の設計図

第2章 標的型ランサムウェア攻撃の手法解説

　これらの情報を持ち出す際、持ち出し先サーバのIPアドレスやドメイン名がセキュリティ対策製品のレピュテーション機能等に検知されると、その通信がブロックされてしまう可能性があります。あるいは、事前にブロックされないことを確認した上で使用したとしても、インシデント対応等でその通信先が不正なものとして登録されてしまうと、今後再利用できなくなってしまう可能性があり、その度に新たなサーバを用意するのもコストがかかります。

　そこで、昨今は正規のクラウドストレージサービスがデータ持ち出しにおいて悪用されるケースが頻発しています。例えば、攻撃者がDropboxに自身のアカウントを作成しておき、侵入した環境から盗み出したデータを一旦Dropboxにアップロードし、その後自身の環境にダウンロードするといった手法です。持ち出し先が正規のクラウドストレージサービスであれば、通信先がセキュリティ対策製品にブロックされることもないですし、また持ち出しの通信が検出される可能性も下がるという攻撃者側のメリットがあります。

　また、データ持ち出しの手段としては、表2.16のようなオープンソースのクライアントソフトが悪用されるケースをよく見かけます。これらのツールは、コマンドラインでの実行をサポートしているものが多いため、攻撃者としてはスクリプトを組んで実行したりと、汎用性が高くなるメリットがあると考えられます。

■表2.16　データ持ち出しに悪用されるツール例

#	クライアントソフト
1	Rclone
2	Megatools
3	WinSCP
4	GoodSync
5	FileZilla

2.2.9　ランサムウェア実行

　データの持ち出しも含めてすべての活動を完了した攻撃者は、最後の仕上げに入ります。ランサムウェアを環境にばらまき、そして実行することで環境を暗号化するのです。

2.2.9.1　脅迫の手段

　環境を暗号化する際は、必ずランサムノートと呼ばれる脅迫文が何らかの形で残されます。ランサムノートには、脅迫のメッセージとともに、攻撃者の連絡先、およびデータの暴露が行われるリークサイトの URL 等が記載されていることがほとんどです。

■図2.41　Lockbit2.0のランサムノート

　大抵の場合は、ランサムノート（実体はテキストファイルであることが多い）がデスクトップに生成され、壁紙も同様の内容のものに書き換えられます。それ以外だと、Lockbitに関しては、プリンタに接続されている環境であれば、脅迫文をわざわざ印刷したりもします。また、筆者らが経験したケースの中には、ランサムノートを残すだけではなく、その後もわざわざメールや Slack 等のメッセージアプリを通してしつこく催促を行い、焦燥感を煽るような手法を用いるものもありました。

2.2.9.2 暗号化の手法

　攻撃者は常に、被害者から効率よく金銭を入手する脅迫手法を模索しています。環境を暗号化するにあたっても、例えばクライアント端末を狙うよりも、ドメインコントローラやファイルサーバ等の基幹サーバを狙った方が、ターゲットに甚大な被害を与えることができ、より長期間にわたる業務停止に追い込むことができます。また、暗号化する端末数に関しても、当然多ければ多いほど同様の理由から好ましいでしょう。被害が甚大であればあるほど身代金を要求しやすいからです。

　ランサムウェアをそのような端末にばらまいて実行する手法としては、Active Directory 環境であればグループポリシーが悪用されるケースがよくあります。グループポリシーとは、Active Directory の機能の 1 つで、管理配下の端末やユーザに対する設定や権限の一元管理を可能とするものです。本機能を使うと、特定のファイルを配布したり、また実行することも可能になります。この機能を悪用して、Active Directory に参加している端末に対してランサムウェアを一斉に配布し、そして実行するケースがよく見られます。

　それ以外にも、横展開のステップで紹介した PsExec が悪用されることもあります。管理共有経由でランサムウェアを配布し、そして PsExec を使って、各端末に対して配布したランサムウェアを遠隔から実行する手法等です。

2.2.9.3 ランサムウェアの機能

　ランサムウェアが実行されると、その環境上のファイルを暗号化するルーチンが走りますが、昨今のランサムウェアに関しては、暗号化以外にもさまざまな機能が具備されているものがほとんどです。必ずと言ってもよいほど備わっているものとして、ボリュームシャドウコピーを消去する機能があります。VSS（ボリュームシャドウコピーサービス）とは、Windows に備わっているバックアップサービスのことで、定期的にシステムのスナップショットを取得 / 保存します。攻撃者としては、せっかく暗号化したにも関わらず、スナップショットから環境を復旧されてしまうと身代金を払ってもらえません。したがって、暗号化と共にこれらのスナップショットを消去して復旧できなくしてしまう手法が取られます。

column

 暗号化されたファイルの復号は可能なのか

基本的には、復号するための鍵データが手に入らないかぎりは復号は難しい、というのが回答になります。しかしながら、過去の事例で言えば、以下のような場合に復号が可能になった事例がありました。

- 活動を終了したランサムウェアアクターが鍵情報を公開した
- 腕利きのエンジニアがランサムウェアを解析、あるいは攻撃者のサーバをハッキングし、復号ツールを作成した

現在活動中のランサムウェアアクターである場合には、これらが起きると被害者が無償で暗号化データを復号できてしまうため、身代金を要求するというビジネスが成立しなくなってしまいます。故に、ひとたび復号手法が明らかになってしまった場合には、攻撃者はランサムウェアをバージョンアップし、その復号手法では復号が行えないように改善を行う、といった攻防戦が行われます。

万が一皆様がランサムウェアの被害にあってしまった際には、復号できるかもという過度な期待はしない方が良いものの、時間が経てば復号できるようになる可能性もあるため、暗号化されてしまったファイルをどこかに保管しておいても良いでしょう。なお、以下のサイトでは復号ツールの情報などが集約されているため、被害に遭ってしまった際に参考にすると良いでしょう。

No More Ransom

https://www.nomoreransom.org/ja/decryption-tools.html

標的型ランサムウェア攻撃では、決まったステップに沿って攻撃が行われることを紹介し、またそれぞれのステップで使われる手法について解説をしてきました。ここでは、実際に筆者らが経験した標的型ランサムウェア攻撃の被害事例を2つ紹介すると共に、そこで観測された手法を各攻撃ステップに当てはめるとどのような全体像が描けるのか解説します。

2.3.1 事例1: 攻撃の流れ

2.3.1.1 ターゲット企業への侵入

この事例では、被害企業はリモートワークを推進していたこともあり、SSL-VPNを使って外部から内部 LAN 環境に接続する構成にしていました。しかし、SSL-VPN 製品の更新を定期的に行っていなかったこともあり、著名な脆弱性が露出している状態でした。

攻撃者は、本脆弱性を悪用して SSL-VPN 製品に保存されている VPN アカウント情報を詐取することに成功しました。また、SSL-VPN 接続に二要素認証を導入しておらず、ユーザ名とパスワードのみで接続できてしまう運用だったため、詐取された従業員アカウントの1つを使って環境に侵入されてしまいました。

また、この企業では、従業員が使う標準ユーザアカウントを、ローカル管理者グループに所属させていました。すなわち、従業員の使うアカウントがその端末に対する管理者権限を持っており、当該アカウントで侵入した攻撃者も同様に管理者権限を得ることに成功してしまいます。

2.3.1.2 セキュリティ対策製品の無効化

この企業では、各端末にエンドポイント型のセキュリティ対策製品を導入しており、運用影響を考慮して、必要最低限の機能であるパターンファイルによ

る検知のみを有効化していました。

　その端末に対する管理者権限を得た攻撃者は、とあるメーカーの正規ドライバを本端末にインストールし、それを悪用することで、カーネルモードからセキュリティ対策製品を無効化することに成功します。

2.3.1.3　特権アカウントの詐取

　セキュリティ対策製品を無効化した攻撃者は、本来であれば検出 / 駆除されるであろう著名な不正プログラムを実行することが可能になります。そこで、Mimikatzを実行することで、侵入時に悪用したアカウント以外のアカウント情報を探索 / 詐取します。すると、アカウント名は伏せますが、明らかに端末のキッティング時に作成したと思われるアカウントが残っていることに気が付きます。この企業では、従業員端末のキッティングを外部業者に委託していたのですが、キッティング時に使用する管理者アカウントが消されずに端末に残っており、さらに全端末において本アカウントのパスワードに同じものを使用していました。

　この時点で、攻撃者はこのキッティングアカウントを悪用することで、全従業員端末に対してローカル管理者権限で侵入することが可能になりました。次に攻撃者が狙うのは、サーバも含めた全端末に対する管理者権限、すなわちドメイン管理者権限となります。

2.3.1.4　スキャニングによる内部環境の探索

　最初に侵入した端末にはドメイン管理者権限情報は残っていなかったため、攻撃者は他の端末へ侵害範囲を広げ、当該アカウントを探索にいきます。そのため、Advanced Port Scannerを実施して、環境内の端末に対して一斉にポートスキャンをかけた痕跡が残っていました。「内部探索」でも解説したとおり、本スキャナは、疎通可能な端末の IP アドレスだけでなく、開いているポートやOS/ アプリケーション、またその端末名も列挙することが可能です。本環境では、IT 担当者の端末が「Admin-PC」のように一目でそれと分かるような端末名になっていたため、スキャンの結果を見た攻撃者は、その端末名から IT 担当者の端末である可能性が高いと予想を付けたと思われます。実際に、その直後に本端末に対して横展開を行っていました。

2.3.1.5 リモートデスクトップによる横展開

本環境では日常的にリモートデスクトップを運用で使っていたため、ほとんどの端末で本アプリケーションが使うポートである3389/tcpが開いた状態にありました。スキャンの結果その情報も入手してた攻撃者は、IT担当者の端末に対して、キッティングアカウントを用いてリモートデスクトップで横展開します。その後、再度脆弱なドライバを悪用してセキュリティ対策製品を無効化した後、Mimikatzを実行して認証情報を詐取しました。IT担当者は、日々の運用でドメイン管理者グループに所属するアカウントを使っていたため、本アカウント情報が詐取されてしまいます。これで、攻撃者はドメイン管理者権限の詐取に成功し、ドメイン環境すべてを掌握することに成功しました。

2.3.1.6 ランサムウェアによる環境の暗号化

最後に、攻撃者は環境の暗号化を行います。スキャンの結果、ドメインコントローラの情報も入手していた攻撃者は、詐取したドメイン管理者権限を用いて、リモートデスクトップでドメインコントローラに横展開を行います。その後、ランサムウェアを配布/起動するグループポリシーを作成し、ドメイン配下の全端末に対して適用することで、環境の暗号化に成功しました。本企業では基幹サーバから定期的にバックアップを取得し保存していましたが、バックアップを保存していたサーバも暗号化の被害にあってしまい、再構築に多大な時間とコストを要してしまいました。

本事例では、データ持ち出しに関わるツールの痕跡に関しては見つけることができませんでした。また、攻撃者グループのリークサイトにも、本被害者の情報の暴露はなく、結局環境の暗号化による脅迫のみが行われた形となりました。攻撃の過程で、価値のある情報を見つけだせなかった等の理由が考えられますが、インシデント対応をしていて、二重脅迫ではなく、暗号化による脅迫のみが行われるケースは稀に遭遇することがあります。

2.3.1.7 事例1:インシデントの全体像

以上が事例1の紹介ですが、どのように被害企業の環境へ侵入し、セキュリティ対策製品による検出をかいくぐりながら、横展開を繰り返して権限昇格を果たしていった様子がイメージいただけたかと思います。

本事例で使用された攻撃手法を、本書で紹介したステップに当てはめると次のように整理できます。第3章の最後で、本被害事例に対して有効な対策を紹介していきますが、是非その前に、読者の皆さんで「仮に自分が被害企業のIT

担当者だった場合、本インシデントを受けてどのような対策を施していくか」
を考えてみてください。

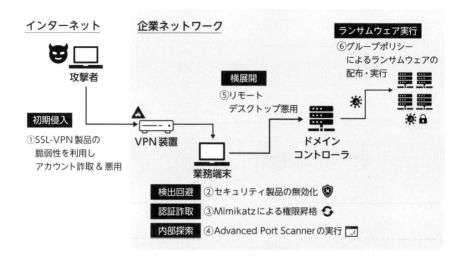

■図2.42 事例1 全体像

■表2.17 事例1の攻撃ステップ

#	ステップ	攻撃の詳細
1	初期侵入	SSL-VPN製品の脆弱性を突いて詐取したアカウントを悪用
2	検出回避	正規のドライバを悪用してセキュリティ対策製品を無効化
3	認証詐取 / 権限昇格	Mimikatzの実行
4	内部探索	Advanced Port Scannerの実行
5	横展開	リモートデスクトップの悪用
6	ランサムウェア実行	グループポリシーからランサムウェアを配布 / 実行

2.3.2　事例2:　攻撃の流れ

2.3.2.1　ターゲット企業への侵入

　この企業では、SIM カードの内蔵された業務端末を従業員に貸与していました。SIM カード内蔵の端末であれば、外出時等にモバイル wifi ルータをわざわざ使わなくてもインターネット接続を確保することが可能で、業務上都合がよいからです。しかし、この SIM カードにはグローバル IP アドレスが付与される仕様となっていました。すなわち、インターネット上の任意の場所からこの端末に対し疎通が取れてしまう状態になっていました。インターネット上のグローバル IP を常に洗いざらいスキャニングしている攻撃者は、本 SIM カードのグローバル IP アドレスを見つけ出します。

　本企業では、リモートデスクトップについては運用では使ってないため当該ポートを閉じていましたが、管理共有機能を日常的に使っており、ほとんどの端末で SMB のポートである445/tcp が開いていました。そこで、攻撃者は PsExec を使って初期侵入を試みます。ユーザ名とパスワードを総当たり入力し続け、ついに本業務端末にデフォルトで存在しているローカル管理者アカウント :Administrator で認証を突破しました。

2.3.2.2　遠隔操作基盤の永続化

　侵入を果たした攻撃者は、本端末に割り振られているグローバル IP アドレスが端末再起動時等に変更される可能性を危惧したのか、いつ何時でも再侵入できるような侵入口を確保するために、正規のリモート管理ツールである AnyDesk をインストールします。この企業では、こういったリモート管理ツールの使用制限をしていなかったため、本ツールのインストールに気が付くことができませんでした。

　この企業では、デフォルトのローカル管理者アカウント :Administrator に関して、全端末でパスワードを共通にしていました。したがって、本アカウントを総当たり攻撃によって突破した攻撃者は、侵入した時点で、全端末に対して管理者権限を有する状態となってしまいました。

2.3.2.3　PsExec による横展開 / 特権アカウントの詐取

　その後、攻撃者は環境内の端末に対して、Administrator アカウントを使って PsExec で横展開を繰り返し、二重脅迫に使えそうな価値のある情報や、よ

り高いドメイン管理者権限を探索します。攻撃者が横展開した端末では、ほぼすべてにおいて comsvcs.dll の MiniDump 機能を悪用して、端末の認証を司るプロセス :lsass のダンプを詐取している痕跡が見られました。最終的に攻撃者はドメイン管理者アカウントの詐取に成功していましたが、恐らくこの過程で本アカウントの詐取に至ったのだと考えられます。

2.3.2.4 二重脅迫に使うデータの持ち出し

攻撃者が横展開した端末の 1 つにおいて、Rclone と呼ばれるツールを実行した痕跡が残っていました。また、環境に導入されていたプロキシサーバのアクセスログを解析したところ、MEGA に対して大量の通信が発生したことも痕跡から確認されました。これは、横展開を繰り返す過程で機密情報を収集した攻撃者が、クラウドストレージサービスである MEGA に、本情報をアップロードした痕跡であると思われます。事実、暗号化の被害にあった直後に、攻撃者のリークサイトで本被害企業のデータが暴露されてしまいました。

2.3.2.5 ランサムウェアによる環境の暗号化

ドメイン管理者アカウントを詐取した攻撃者は、最終的にドメインコントローラへ侵入し、グループポリシーを悪用することでランサムウェアの配布 / 実行を行い、環境を暗号化しました。しかし、この事例で悪用されたランサムウェアに関しては、攻撃の発生した時点で、環境に導入されていたセキュリティ対策製品のパターンで検出が可能なことが分かっていました。すなわち、ランサムウェアが配布された時点で全端末で検出が上がり、駆除されていたはずです。

2.3.2.6 セキュリティ対策製品の無効化

解析を進めると、端末に導入されていたセキュリティ対策製品は、攻撃の過程で全台からアンインストールされていました。特にセキュリティ対策製品を無効化するツールも使われた形跡はなかったため、製品の管理コンソールの監査ログを確認したところ、攻撃発生当時、管理者アカウントによる不審なログインが発生し、正規の手順でエージェントが全台アンインストールされていたことが分かりました。どうやら管理端末のブラウザに、管理コンソールにログインするための管理者アカウント情報が保存されていて、それが攻撃者によって詐取されてしまっていたようでした。

2.3.2.7 事例2: インシデントの全体像

以上が事例2の紹介となります。本事例の特徴は、攻撃の最後のステップで使われたランサムウェア以外は、すべて正規のツールやコマンドが悪用されたことにあります。この企業ではセキュリティ対策製品は導入していましたが、パターンファイルによる検出機能のみ有効化していたため、不正プログラムが使用されなかった今回の攻撃手法に対しては脆弱な状態となってしまっていました。

本事例で使用された攻撃手法を、本書で紹介した攻撃ステップに当てはめると次のように整理できます。本事例に関しても、第3章の最後で、それぞれの攻撃ステップに関して、どのような対策を講じていくべきかについて解説します。

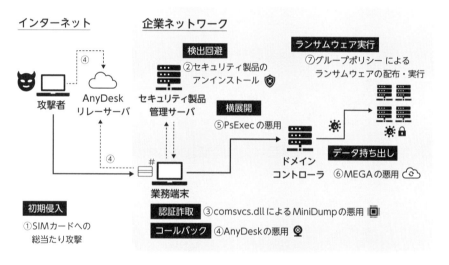

■図2.43　事例2 全体像

■ 表2.18　事例2の攻撃ステップ

#	ステップ	攻撃の詳細
1	初期侵入	グローバル IP が割り当てられた SIM カードに対して総当たり攻撃
2	検出回避	セキュリティ対策製品の管理コンソール経由でアンインストール
3	認証詐取 / 権限昇格	comsvcs.dll の MiniDump 機能を悪用
4	コールバック	AnyDesk の悪用
5	横展開	PsExec の悪用
6	データ持ち出し	MEGA の悪用
7	ランサムウェア実行	グループポリシーからランサムウェアを配布 / 実行

第 3 章

実践的
ランサムウェア対策

第 1 章、第 2 章では、標的型ランサムウェア攻撃の被害事例や具体的な攻撃手法を取り上げて解説しました。この章では、それらの手法から環境を守るために有効な対策を紹介します。対策を考える際は、思いついたものを総花的に実装していっても効果は見込めません。どのような理由でその対策が必要なのか、しっかりとした根拠に基づき、かつ過不足なく網羅的に対策を施していくことが重要となります。したがって、第 2 章で紹介した 8 つの攻撃のステップに対してそれぞれ有効な対策を取り上げて解説を行います。また「べき論」ではなくできるだけ実態に即した対策手法をピックアップしました。ですので読んでいく過程で自社の環境に足りていない対策を見つけましたら、その都度実装を検討いただければと思います。

3.1 標的型ランサムウェア攻撃対策の意義

3.1.1 他の攻撃との類似性

　第2章では、標的型ランサムウェア攻撃で使われる攻撃ステップを下記8つに分けてその詳細な手法と共に解説しました。

■表3.1　標的型ランサムウェア攻撃で使われる攻撃ステップ

ステップ	ATT&CK	目的
初期侵入	TA0001	ターゲットの環境に侵入する
検出回避	TA0005	後の攻撃で使用する不正プログラムが検出されないような手段を図る
コールバック	TA0003/0011	侵入した環境から攻撃者サーバへ通信を行い、環境をいつでも遠隔操作できるような基盤を整える
認証詐取 / 権限昇格	TA0004/0006	より高い権限を奪取し、活動範囲の拡大を図る
内部探索	TA0007	環境内の到達可能な端末とその情報の一覧化を図る
横展開	TA0008	他の端末への侵入を繰り返し、侵害範囲の拡大を図る
データ持ち出し	TA0010	脅迫に使えそうな価値ある情報を収集し、攻撃者側の環境へ持ち出す
ランサムウェア実行	TA0040	環境上のファイルを暗号化して業務停止を図る

　最終目的（標的型ランサムウェア攻撃であればデータ持ち出しとデータの暗号化）に関しては、攻撃者グループによって異なってきますが、最終目的に至るまでに行われる「ターゲットの環境へ侵入し、さまざまな手法を駆使しながら侵害を広げていく」という攻撃ステップの観点で見ると、標的型ランサムウェア攻撃を含め、その他のあらゆる侵入型の攻撃は共通のステップや手法を取る

ことがほとんどです。

　すなわち、標的型ランサムウェア攻撃に対する対策を実装することは、間接的にその他の侵入型の攻撃に対しての対策にもなる可能性が非常に高いといえます。

　例えば、攻撃者グループ :APT10 による標的型攻撃（APT）に関して、事例を元にその攻撃ステップを見てみましょう。APT10 は、第 2 章で述べたような Operator や Affiliate といった標的型ランサムウェア攻撃を行う攻撃者グループとは関連性のない主体です。本グループには特定の国が関与しているとされ、ターゲットの環境へ侵入し、知的財産や機密情報を詐取を目的としたスパイ活動を行っていると考えられています。[19]

　2020年以降、日本国内の企業を対象とした標的型攻撃が複数観測され（A41APT キャンペーン）、これに APT10 が関与していると言われています。詳細については詳しく解説されている Web ページを参考いただきたいのですが、本攻撃で観測されたステップと手法をまとめると次のようになっています。[20]

■表3.2　A41APTキャンペーンで観測された攻撃ステップ

ステップ	手法
初期侵入	脆弱性、あるいは過去に窃取した認証情報を悪用して SSL-VPN 経由で侵入
検出回避	イベントログの削除
コールバック	不正プログラムによる C2 サーバとの通信
認証詐取 / 権限昇格	レジストリのハイブファイルをダンプ
内部探索	RDP（3389/tcp）や SMB（445/tcp）の開いているホストを探索
横展開	リモートデスクトップを使って横展開
復旧に要した日数	3 週間以上

　標的型ランサムウェア攻撃の攻撃ステップと比較してみると分かるとおり、そのほとんどが共通していることが理解できるかと思います。データ持ち出しとランサムウェア実行に関しては観測されていませんが、これは攻撃の主体が異なることから、そもそも最終目的が異なると考えると合点がいきます。

3.1.2 対策の考え方

　本章では、標的型ランサムウェア攻撃の各攻撃ステップで使われる攻撃手法を検知しブロックするのに有効な対策を解説していきます。しかし、各論の細かい話にとらわれて全体観を見失ってしまうような、いわゆる木を見て森を見ずの状態になってしまうと、全体として効果的な対策ができなくなってしまうおそれがあります。ですので、そもそもこういった対策をする上で重要な考え方について紹介します。

3.1.2.1 いずれかの攻撃ステップで検知できるようにする

　対策を講じる際は、それぞれの攻撃ステップに対して有効な対策を多層的に実装し、一連の攻撃ステップの中のどこかで確実に攻撃を検知し止めていくという考え方が重要になります。

　一方他の考え方として、そもそも攻撃者に侵入されないようにしてしまえばよいという考えの下、初期侵入対策のみに多大なリソースを投入して対策を講じるというのも一案として良いとは思います。しかし、いくら侵入口を塞いだとしても、想定されない手法や経路から侵入を許してしまう可能性はどうしても残存します。その時に、他の攻撃ステップの対策が実施できていないと、簡単に攻撃者に環境内での侵害拡大を許してしまいます。

　初期侵入の対策を突破されたら検出回避のステップで検知 / 防御する、認証詐取の対策を突破されたら横展開のステップで検知 / 防御するという風に、一部の対策は突破される前提の下、いずれかの攻撃ステップで確実に攻撃を止めるという考え方が重要です。

3.1.2.2 さまざまなレイヤで対策を実装する

　各攻撃ステップに対する対策を実装する際は、端末のみに対策を講じるのではなくネットワークや境界についても検討する、また Windowsの標準機能のみを使うのでなくセキュリティ対策製品も使用する等、さまざまなレイヤで多層的に対策を実装していくことが重要です。

　例えば、検出回避の手法を使ってセキュリティ対策製品が無効化されたとしても、Windowsの標準機能も使って対策を入れていればそちらで検知 / 防御できる可能性がありますし、あるいはアプリケーションの脆弱性を突く攻撃がネットワーク上の IPS 製品をすり抜けてしまったとしても、端末に実装した対策で検知 / 防御できる可能性があります。

　本章で紹介する各攻撃ステップの対策についても、できるだけ複数のレイヤでできることを偏りなく取り上げていますので、実装を考える上で参考にしていただければと思います。

3.2　対策手法

3.2.1　対策の全体像

　それではここから、具体的なセキュリティ対策を攻撃ステップごとに記載します。かなり詳細な内容を長く記載していきますので、まずは本章で説明している対策の全体像を表3.3に記載します。読んでいる最中に迷子になってしまった場合には、一度表3.3に戻ってきていただき、全体像のどの位置にいるかを確認してもらえたらと思います。なお、"推奨対策"列に"◎"が入っている対策は、数ある対策の中でも以下のような条件を可能なかぎり多く満たすものに筆者らで印を付けていますので、何からやればいいか分からないという方は是非参考にしていただければと思います。

推奨対策 ◎ の条件

- **効果の網羅性：**複数の攻撃ステップに効果があること
- **効果の高さ：**昨今の標的型ランサムウェア攻撃で頻繁に見られる手法に対して効果があること
- **実装のしやすさ：**業務に影響が少ない、継続的なチューニングが不要、専用のツールや追加費用が不要

1. 初期侵入ステップに有効な対策

対策カテゴリ	対策詳細	推奨対策
ポートの制御	3389/tcp：リモートデスクトップの対策	◎
	445/tcp：ファイル共有（SMB）の対策	◎
	クラウド環境のセキュリティポリシー・ファイアウォール制御	◎
脆弱性対策	SSL-VPN（ポート：443 等）の対策	◎
	公開サーバ・その他ポートへの対策	◎
Web 対策	メールのリンク URL：不審なメールの受信対策	
	Web サイト評価：評価データベースによる Web サイトの評価と制御	
	ブラウザの機能・脆弱性：ブラウザのセキュリティ機能の利用	
	Web アクセスのホワイトリスト化	
メール対策	添付ファイル：不正プログラム検索	
	添付ファイル：よく悪用される拡張子のブロック	
	本文の特徴：スパム判定機能	
	リンク URL：メール内のリンク URL の不審度判定	
	差出人メールアドレス：差出人の「表示名」と「実メールアドレス」の差異を確認	
	攻撃者 IP アドレス：不審な IP アドレスからのメール受信の拒否	
	マクロ機能：Office のマクロ機能の無効化	

2. 検出回避ステップに有効な対策

対策カテゴリ	対策詳細	推奨対策
アカウント管理	特権アカウントを堅牢にする	◎
セキュリティ対策製品の活用	追加機能の有効化	◎
Windows 追加機能の活用	WDAC 機能の活用	
セキュリティ対策製品の管理	IT 管理者アカウントをブラウザに保存しない	
	管理コンソールに二要素認証を導入する	

■表3.3 攻撃のステップごとのセキュリティ対策 続き

3. コールバックステップに有効な対策

対策カテゴリ	対策詳細	推奨対策
セキュリティ対策製品の活用	不正通信を制御する	
	端末にセキュリティ対策製品を導入する	◎
外部通信の制御	認証プロキシの導入	◎
	リモート管理ツール（RMM）の制御	

4. 認証詐取 / 権限昇格ステップに有効な対策

対策カテゴリ	対策詳細	推奨対策
アカウント管理	ドメインアカウントの管理	◎
	ローカルアカウントの管理	◎
Windows 追加機能の活用	Credential Guard の導入	◎
	LSA 保護モードの導入	
	制限付き管理モードの導入	
認証情報の保存設定変更	ネットワーク認証情報の保存制限	
	キャッシュされるドメインアカウント数の制限	
	ブラウザへの認証情報保存制限	
セキュリティ対策製品の活用	パターン検出と挙動監視機能	◎

5. 内部探索ステップに有効な対策

対策カテゴリ	対策詳細	推奨対策
セキュリティ対策製品の活用	監査証跡ツールや EDR による記録とアラート	
	セキュリティ対策製品 /IDS によるツールの検知・駆除	◎

6. 横展開ステップに有効な対策

対策カテゴリ	対策詳細	推奨対策
リモートデスクトップ通信の制御	リモートデスクトップ通信のポート制御	◎
	特定のアカウントのみリモートデスクトップ通信を許可	
PsExec 通信の制御	SMB 通信のポート制御	◎
	管理共有の無効化	
	UAC の有効化	
	特権アカウントによる SMB 通信の拒否	
	PsExec の実行制御	
WMI 通信の制御	WMI 通信のポート制御	◎
	特権アカウントによる WMI 通信の拒否	
	WMIC の実行制御	
脆弱性対策	パッチの適用	
セキュリティ対策製品の活用	ネットワーク通信の監視	

7. データ持ち出しステップに有効な対策

対策カテゴリ	対策詳細	推奨対策
セキュリティ対策製品の活用	DLP 機能の活用	
セキュリティ対策製品の活用	IRM 機能の活用	
アクセス権の管理	ファイルアクセス権限の整理	
外部通信の制御	クラウドストレージサービスの閲覧制限	

■表3.3 攻撃のステップごとのセキュリティ対策 続き

8. ランサムウェア実行ステップに有効な対策

対策カテゴリ	対策詳細	推奨 対策
セキュリティ対策製品の活用	セキュリティ対策製品による検知（パターン ファイル、機械学習、挙動検知）	
セキュリティ対策製品の管理	セキュリティ管理サーバの SaaS・クラウド化	◎
バックアップ運用	3.2.1 ルールに沿ったデータのバックアップ	◎

3.2.2 初期侵入

3.2.2.1 対策の前提：グローバル IP アドレスと開放ポートの洗い出し

ランサムウェアを悪用する攻撃者にとって被害組織のグローバル IP アドレスは攻撃の入り口となります。攻撃者がグローバル IP アドレス経由で侵入を行うためには以下の条件を満たしている必要があります。

- 攻撃に悪用可能なポートが外部に開放されている（22、443、445、3389等）
- ポートに紐づくサービスの認証情報（ID/Password）が推測可能であったり漏洩している
- ポートに紐づくサービスに脆弱性が存在している

そのため、グローバル IP アドレスを洗い出すことと、それらに適切な対策が行われているかを確認することは、一見地味かもしれませんが非常に効果が高い対策となります。なお、グローバル IP アドレスはパブリック IP アドレス、WAN アドレスなどさまざまな呼び名がありますが、本書では「グローバル IP アドレス」と呼びます。

グローバル IP アドレスの確認方法

現在自分が利用しているネットワーク環境のグローバル IP アドレスを確認できるサイトは多数存在します。こういったサイトは単にブラウザでアクセスすれば、自身のネットワーク環境が利用している IP アドレスを容易に確認するこ

とができます。ただし、複数のグローバル IP アドレスを契約している場合や、動的にグローバル IP が割り振られる契約である場合には、アクセスごとに異なるグローバル IP アドレスが表示される可能性があるため、念のため契約プロバイダや、業務を委託しているベンダ等にもグローバル IP アドレスの有無について確認を行うと良いでしょう。

■図3.1　グローバルIPの確認

グローバル IP アドレス確認 (cman.jp)

https://www.cman.jp/network/support/go_access.cgi

・ヒアリング等によるチェック

以下のようにして割り当てされたグローバル IP については機械的な洗い出しが難しいため、社内の各部門や契約しているベンダ等へのヒアリングを行い、確認を行ってください。特に昨今では、委託業者がメンテナンスのために設置した SSL-VPN 機器が攻撃者の侵入の起点となってしまうケースが目立っています。

- SIM カードが内蔵された端末が存在するか（Surface 等）
- モバイル Wi-Fi や USB メモリ型の Wi-Fi を契約し、社員に貸し出しているか
- それら SIM カードや Wi-Fi に契約・仕様上グローバル IP アドレスが付与されるかを契約プランやホームページから確認し、不明な場合はプロバイダに問い合わせて確認する
- 業務を委託している IT 業者等が環境内に SSL-VPN 機器を許可なく設置していないか確認する

・外部に公開されているポート・サービスの洗い出し

ここまでで洗い出したグローバル IP アドレスを軸に、以下のような手法を用いて開放ポートの深堀チェックを行います。手順が難しいと感じる場合は有償で外部に公開しているグローバル IP やポートの脆弱性チェックを行ってくれるサービスも存在するためお薦めしますが、本項では自力で実施する前提で手順の例を記載します。

Attack Surface Management サービス (Macnica)

https://www.macnica.co.jp/business/security/manufacturers/mpressioncss/asm.html

開放しているかどうかを確認すべきポートはいくつかありますが、本項では代表的で確認が必要な以下の3つのポートに絞って説明を行います。対標的型ランサムウェア攻撃という意味においては、まずはポート 3389/tcp、443/tcp、445/tcp を確認するのが良いでしょう。余裕があれば、その他のポートについても確認を行ってください。また、厳密に言えばポート番号は以下と異なるものを利用している可能性もありますので、グローバル IP ごとにポート指定でのチェックと、後ほど説明する Shodan 等によるグローバル IP 起点でのチェックを併用することが抜け漏れ防止の観点でお薦めです。

- 3389/tcp: リモートデスクトップ（RDP）
- 443/tcp: SSL（HTTPS、SSL-VPN）
  ※機器の種類や設定等により 4443、4433、8443、10443 等も使われる
- 445/tcp: ファイル共有（SMB）

■ 3389/tcp: リモートデスクトップの確認

確認方法はいくつかありますが、例えば以下の cman.jp というサイトを用いれば、自身のグローバル IP アドレスに対して、特定ポートが開放されているかを組織の外部から確認してもらうことが可能です。図 3.2 は、リモートデスクトップのポート 3389/tcp が開放されているかどうかのチェックを実施する前の画面です。

外部からの Port 開放確認 (cman.jp)

https://www.cman.jp/network/support/port.html

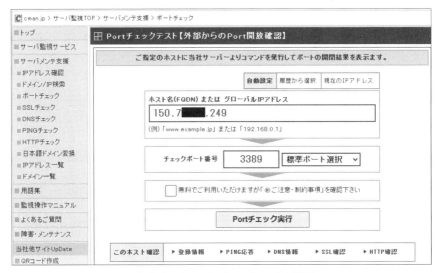

■図3.2 リモートデスクトップの確認

画面上で「Portチェック実行」を押すと、図3.3のように結果が表示されます。画面からは「到達できませんでした」、つまり外部から到達できない安全な状態であったことが確認できます。

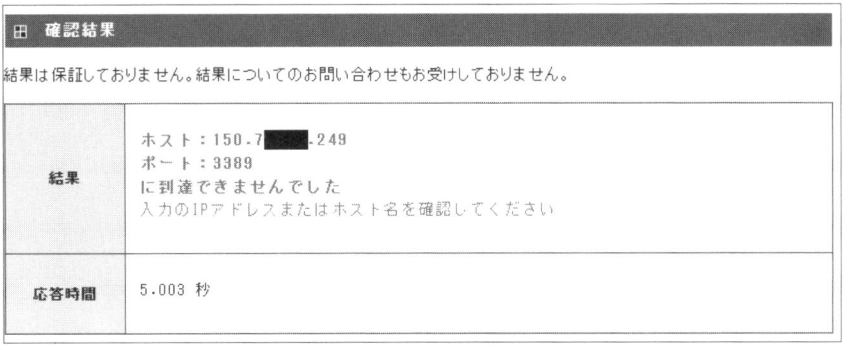

確認結果	
結果は保証しておりません。結果についてのお問い合わせもお受けしておりません。	
結果	ホスト：150.7■■■■.249 ポート：3389 に到達できませんでした 入力のIPアドレスまたはホスト名を確認してください
応答時間	5.003 秒

■図3.3 リモートデスクトップの確認_安全な例

仮にポートが開放されている場合には図3.4のように「アクセスできました」と表示されます。もちろん、公開していることを元々意図・把握しているのであれば問題はありませんが、把握できていなかったという場合には早急に対処が必要となります。

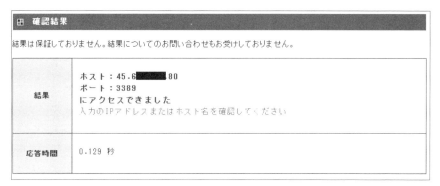

結果	ホスト：45.6▮▮▮▮▮.80 ポート：3389 にアクセスできました 入力のIPアドレスまたはホスト名を確認してください
応答時間	0.129 秒

確認結果

結果は保証しておりません。結果についてのお問い合わせもお受けしておりません。

■図3.4 リモートデスクトップの確認_危険な例

また、同じような確認方法で、Shodanと呼ばれるサービスを利用することで確認を行うことも可能です。Shodanは、インターネット上のさまざまなグローバルIPアドレスの状態を検索し確認することができるサービスとなっており、意図せず外部に公開されてしまっている脆弱なサービスなどを見つけ出すのに適しています。ただしこちらの場合は、Shodanがあらかじめインターネット上のさまざまなグローバルIPアドレスを巡回して得られた情報を表示するといった仕組みになっているため、検索結果が最新でない場合や、結果が得られない可能性もありますので、その点は注意してください。

Shodan

https://www.shodan.io/

Shodanの検索は、図3.5のトップ画面の検索バーから容易に行うことができ、本書執筆時点では無償で利用することが可能です。なお、有償のプランを契約すると、プログラムから呼び出して結果を得ることができたり、無償版より多彩な情報を得ることができます。

■図3.5 Shodanによる検索

図3.6は、Shodanでグローバル IP アドレスを検索した結果の例となりますが、3389/tcpが開放されている場合の画面となります。画像の例の場合は端末のオペレーティングシステムが Windows Server 2022 となっているため、IT担当者や運用業者がリモートからサーバをメンテナンスすることを目的にしたものである、などの推測ができます。

■図3.6 Shodanの結果例

■ 443/tcp: SSL-VPNの確認

ここまでに記載したリモートデスクトップの手法と基本的には同じ流れとなりますが、cman.jpとShodanによる確認方法を記載します。また、SSL-VPNについては、委託先の業者等が意図せずメンテナンス用に設置をしている可能性も高い（103ページ「ヒアリング等によるチェック」参照）、利用しているかどうかのヒアリングを事前に必ず行っていただくことを推奨します。

図3.7は、SSL-VPNで利用される443/tcpが開放されているかどうかのチェックを実施する前の画面です。443/tcpについてはHTTPSでも用いられるため、外部公開しているWebサーバ等でも同様の結果となる可能性があるため注意してください。また、SSL-VPN機器によって4443、4433、8443、10443など異なるポートが設定されている可能性もありますので、併せて確認できると良いでしょう。

■図3.7　443/tcpの確認

図3.8は、到達できた場合の結果となります。あるいは、社外環境からChrome等のブラウザを利用してhttps://にアクセスすることで、何らかの管理画面などが外部から見えてしまうことがあるかもしれません。その際に見えた画面が意図して外部に公開しているWebページや、把握している機器のWeb管理コンソールであればよいのですが、そうでない場合には注意が必要です。

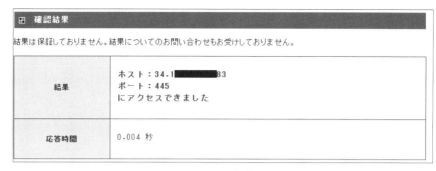

■図3.8　443/tcpが開放している例

　図3.9は、Shodanでグローバル IP アドレスを検索した結果の例となりますが、443/tcpが開放されている場合の画面となります。右下に枠で囲っている個所に「FortiGate」という記載があり、SSL-VPN 機器として Fortinet 社の FortiGateを利用していることが分かります。

■図3.9　Shodan検索結果

■ 445/tcp: SMBの確認

　こちらもリモートデスクトップ、SSL-VPNと同様にcman.jpとShodanの確認方法を記載します。ポート445はいわゆるファイル共有などに使われるポートであり、基本的に社外に開放する必要はなく、OSに脆弱性が存在する場合には悪用もしやすいため、可能なかぎり閉塞することが推奨されます。もちろん、社内向けであればファイルサーバへのアクセス等で必要なケースも多いため、社内の端末からファイルサーバ等へのポート445通信については許可をしているケースが多いです。

■ 図3.10　445/tcpの確認

　図3.11が445/tcpが開放している場合の画面となります。

結果	ホスト：34.1■■■■■■■83 ポート：445 にアクセスできました
応答時間	0.004 秒

結果は保証しておりません。結果についてのお問い合わせもお受けしておりません。

■ 図3.11　445/tcpが開放している例

図 3.12 は、Shodan でグローバル IP アドレスを検索した結果の例となりますが、445/tcp が開放されている場合の画面となります。画像の例の場合も先述のリモートデスクトップ（104 ページ）と同様に、端末のオペレーティングシステムが Windows 10 となっており、いわゆるサーバではなくクライアント端末に外部から接続できるようになっている状況であり、意図していない状態である可能性が高いと考えます。

■図3.12　Shodan検索結果

なお、説明の分かりやすさの都合上、ここまでは個別のポートを確認していく形で説明をしていましたが、「ViewDNS」と呼ばれるサービスでは特定の IP アドレスに対して悪用されやすいポートの開放状況を一括で確認することが可能です。ここまでの説明に出てきていないポートも登場しますが、基本的にはこちらを使ってもらう方が楽に確認可能と考えます。

ViewDNS

https://viewdns.info/

図 3.13 で、枠で囲っている「Port Scanner」のところにポート開放状況を確認したいグローバル IP アドレスを入力します。

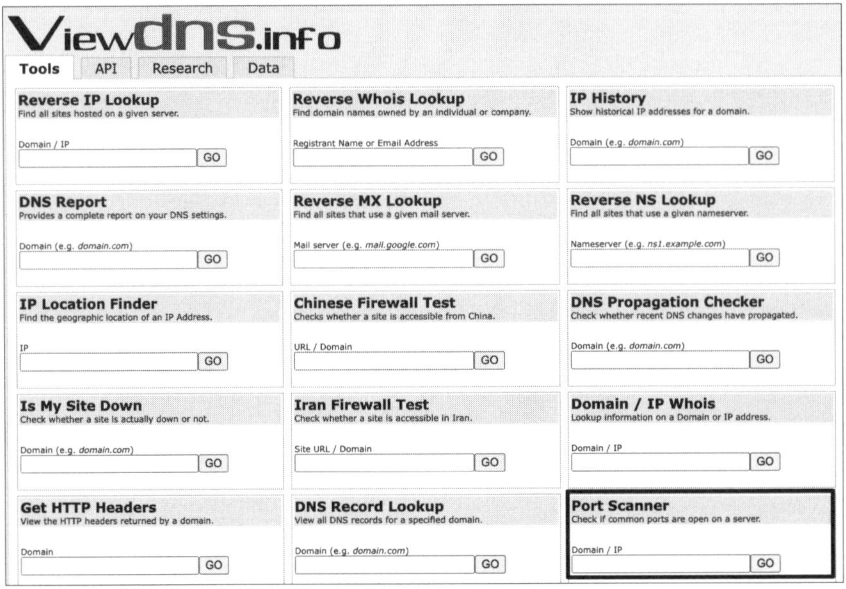

■図3.13　ViewDNS - Port Scanner

　結果は図3.14のように表示されます。ここまでで説明したポートがすべて赤色の×マークになっていれば問題ありません。

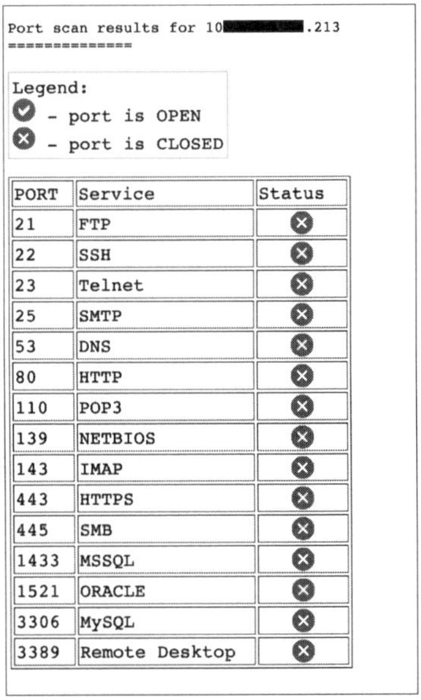

■図3.14
ViewDNS確認結果

3.2.2.2 ポートの制御

ここまでの手順で洗い出されたグローバル IP アドレスのポートに対して対処を行います。ポートごとに実施する内容が少し異なりますので、重複する箇所もありますがポートごとに対処を記載します。

・3389/tcp: リモートデスクトップの対策

筆者らの過去の経験上、被害に遭った企業がリモートデスクトップを意図して公開していたというケースはほぼありませんでした。つまり、必要が無いのであればポートを閉じるというのが最善の対処となります。一方で、どうしてもリモート保守を行う上でリモートデスクトップを公開する必要がある場合もあるかと思いますので、リモートデスクトップの拒否、および特定の IP から許可するための設定方法などを紹介します。

■リモートデスクトップサービスの無効化

まず最初に、リモートデスクトップ機能がそもそも不要である場合は、サービスが無効になっているかどうかを確認することは当たり前ではありますが、重要です。無効化を行う場合は以下の手順を参考にしてください。

1. 検索バーに「システム」と入力します。表示された項目の中から「システム」をクリックします。
2. 「システム」ウィンドウの左側のペインで、「リモートデスクトップ」をクリックし、右側のペインで、「リモートデスクトップ」セクションの下にあるスイッチを「オフ」に切り替えて、リモートデスクトップを無効にします。

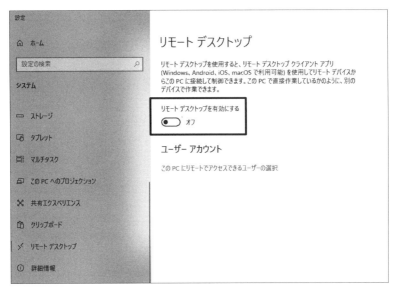

■図3.15 リモートデスクトップ無効化手順2

■リモートデスクトップポートの受信拒否

次に、リモートデスクトップポートに対する通信を拒否することを検討します。Windows Defender ファイアウォールで制御を行う際の手順を次に記載します。

1. Windows 10 の検索バーに「Windows Defender」あるいは「セキュリティ」等と入力します。表示された項目の中から「セキュリティが強化された Windows Defender ファイアウォール」をクリックします。
2. 左側のペインで、「受信の規則」をクリックして、ルールの一覧を表示し、「リモートデスクトップ　ユーザーモード（TCP 受信）」というルールを探し、右クリックでプロパティを選択します。

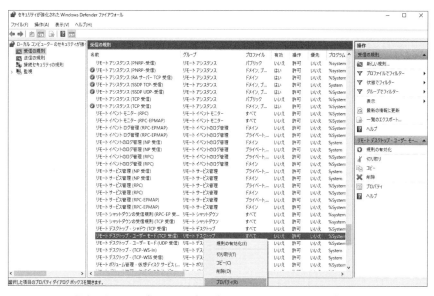

■図3.16　Windows Defender ファイアウォール設定手順2

3.「全般」タブで、「有効」にチェックを入れ、「接続をブロックする」を選択します。

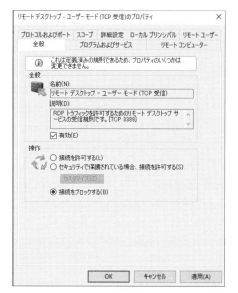

■図3.17　Windows Defender ファイアウォール設定手順3

　なお、特定の IP アドレスからの接続のみを許可したい場合には、保守を行っ
ている業者等に接続を行う際のグローバル IP アドレスをヒアリングし、そちら
からの接続のみを許可をするように設定すると良いでしょう。その場合は、図
3.16 で「接続を許可する」を選択し、「スコープ」タブの「リモート IP アドレス」
セクションで、これらの IP アドレス > 追加　を選択し、接続を許可する IP ア
ドレスを追加すると良いでしょう。

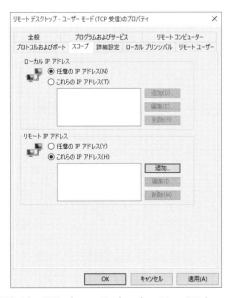

■図3.18　Windows Defender ファイアウォール

■ Windows OS に最新のパッチを適用する

　リモートデスクトップに限らずですが、外部にポート（サービス）を公開し
ている場合には、脆弱性パッチの適用が必須となります。脆弱性にはさまざま
な種類がありますが、ID/ パスワードによる認証をしない状態でシステムにア
クセスし、何かを実行できるような「リモートコード実行の脆弱性」には特に注
意が必要となります。日々の脆弱性情報収集ができればそれに越したことはな
いですが難しいと思いますので、自動更新の設定をしておくか、難しい場合に
は深刻な脆弱性についてはなるべく早く対処を行いつつ、それ以外の脆弱性に
ついては半年や1年ごとなど頻度を決めて忘れず定期的なアップデートを行う
のが良いでしょう。Windowsの場合には初期設定で Windows Updateにより
自動的に最新の更新が適用されますが、意図的に無効にしている場合には定期

116

的に最新のアップデートを取得するようにしましょう。念のため確認されたい方のために手順を記載します。

1. 検索バーに「Windows Update」と入力します。表示された項目の中から「Windows Updateの設定」をクリックします。
2. 右側画面に「最新の状態です」と表示されていることを確認します。

■図3.19　Windows Update設定確認

■ パスワードの複雑化

　攻撃者が被害組織のリモートデスクトップに接続する際、パスワードが推測可能な文字列かを最初に確認し、そうでない場合は総当たりで認証を試みます。Hive Systemsという海外のセキュリティ会社が2020年に公開した情報 [21] によれば、英字の大文字小文字、数字と記号の4種類を組み合わせて12文字以上の文字列は総当たりするのに34,000年かかるとしています。一方で4種を組み合わせていても8文字以下であれば8時間で解読されてしまうとされています。もちろん利便性との兼ね合いにはなりますが、筆者らとしては基本的に「12文字以上かつ4種類の組み合わせ」を推奨しています。

■表3.4　パスワードの複雑性と突破までの時間

設定方法	数字	英小文字	英小＋大文字	英小＋大＋数	英小＋大＋数＋記号
6文字	1秒以下	1秒以下	1秒以下	1秒	5秒
7文字	1秒以下	1秒以下	25秒	1分	6分
8文字	1秒以下	5秒	22分	1時間	8時間
9文字	1秒以下	2分	19時間	3日	3週間
10文字	1秒以下	1分	1ヶ月	7ヶ月	5年
11文字	2秒	1日	5年	41年	400年
12文字	25秒	3週間	300年	2,000年	34,000年

column

 パスワードに関する議論

パスワードの複雑性や変更の頻度などについては長年議論がされていて、例えばリモートデスクトップのようなネットワーク経由の認証の場合と、圧縮ファイルやOfficeドキュメントなどのローカルファイルのパスワード圧縮の場合、攻撃者が総当たりできる難易度が変わるためそれぞれで桁数を分けるべきであるといった議論などがあります。また、以下のNISTのガイドラインでは15文字以上のパスワードであれば複雑性は考慮しなくてもよいといった情報などもあり、時代や状況によって推奨されるパスワードのポリシーはその都度変わっていくと考えられます。パスワードだけにとらわれず、この後から説明していくロックアウト、二要素認証といったパスワード以外の要素も含めて悪用されにくい対策を検討していくのが良いでしょう。

NIST SP800-63b

https://pages.nist.gov/800-63-3/sp800-63b.html

以下は、ローカルセキュリティポリシーという機能でパスワードの長さ、複雑さ、有効期限などを設定する手順となります。

1. 検索バーに「ローカル」と入力します。表示された項目の中から「ローカルセキュリティ　ポリシー」をクリックします。

2. ローカルセキュリティポリシーウィンドウで、「アカウントポリシー」を展開し、「パスワードポリシー」を選択します。
3. 右側のペインには、パスワードポリシーの設定項目がいくつか表示されます。パスワードの長さ、複雑さの要件、有効期限などを設定できます。

■図3.20　ローカルセキュリティポリシー設定2

4. パスワードの最小長を12文字に設定するには、「最小パスワード長」をダブルクリックして、値「12」を入力します。
5. 併せて「複雑さの要件を満たす必要があるパスワード」を設定すると、3種以上の文字種を使用することなどが強制されます。

column

 参考：Windows における複雑さの定義

Windows では以下要件を満たすパスワードが「複雑」であると定義されています。

- ユーザーのアカウント名またはフルネームに含まれる3文字以上連続する文字列を使用しない
- 長さは6文字以上にする
- 次の4つのカテゴリのうち3つから文字を使う
  - ・英大文字（A から Z）
  - ・英小文字（a から z）
  - ・10進数の数字（0 から 9）
  - ・アルファベット以外の文字（!、$、#、% など）

　また、12文字以上4種のパスワードをセットした時点で総当たりによる突破はかなり難しくなりますが、総当たりを試みられた時のために「ロックアウト設定」をしておくことも効果的です。これにより、複数回ログオンが失敗した場合にアカウントがロックされ、攻撃者による総当たりを大幅に遅延させることができます。欲を言えばロックされたこと自体に気づけるように監視・通知のしくみなどを作っておくとより良いでしょう。

　ロックアウトの設定は以下の手順で行います。

1. 検索バーに「ローカル」と入力します。表示された項目の中から「ローカルセキュリティポリシー」をクリックします。
2. ローカルセキュリティポリシーウィンドウで、「アカウントポリシー」を展開し、「アカウントロックアウトのポリシー」を選択します。
3. 右側のペインには、3つのロックアウトポリシー設定が表示されます。それぞれダブルクリックにより設定を変更します。

■図3.21　ローカルセキュリティポリシー設定3

4. 「アカウントロックアウトのしきい値」ポリシーで、ユーザーアカウントがロックアウトされるログオン試行回数を設定します。
5. 「アカウントロックアウトの期間」ポリシーで、ユーザーアカウントがロックアウトされる期間（分単位）を設定します。
6. 「アカウントロックアウトカウンターのリセット後」ポリシーで、失敗したログオン試行回数がリセットされるまでの期間（分単位）を設定します。

■ 多要素認証を導入する

ID/パスワードによる認証は単要素認証（1つの鍵で認証する）の状態で、鍵が攻撃者に推測されてしまった場合には容易に突破が可能です。ここに、別の認証要素を追加するというのが多要素認証になります。知っているもの（パスワード等）、持っているもの（スマートフォン等のデバイス）、自分自身に備わっているもの（指紋など）の3つから2つ以上をかけ合わせて認証を行うことで、より本人でないと再現不能な認証方式となり、不正な第三者が認証してしまうことを防ぐことができます。

最も一般的と思われるのはパスワード＋持っているものの二要素での認証です。IDとパスワードで認証を試みた際に、手持ちのスマートフォンに通知が上がり、その通知に対して承認をすること等で認証に成功します。非常に強力な対策ではありますが、基本的にはDuo Securityなどサービスの導入（購入）が必要になりますし、設定も少し難易度が高いかもしれません。まずはここまでに記載している無償でできる対策を実施の上で必要性を検討の上、必要と判断される場合には導入業者等に相談をしてみるのが良いでしょう。[22]

参考までに、リモートデスクトップに二要素認証を導入する場合の手順を記載します。なお、Windows 10では標準機能では二要素認証が設定できないため、Duo、Okta、RSA SecurIDなどサードパーティの認証プロバイダを使用する必要があります。また、正確な手順については導入する製品（プロバイダ）によって異なるため、設定の際は各サービスのドキュメントを確認してください。以下の手順についてはDuoが公開している手順を参考に整理しています。[23]

1. リモートデスクトップ接続を受けるサーバ側に、二要素認証プロバイダのソフトウェアをインストールします。
2. 二要素認証プロバイダのリモートデスクトップ用のセットアップ手順に従います。ここでは、プロバイダのソフトウェアを構成して、プロバイダ側のサーバと認証を行うためのAPI等の情報を入力したり、第二の認証要素（テキストメッセージコードや生体認証）を設定したりします。
3. クライアントからリモートデスクトップサーバに接続し、ID・パスワードを入力すると、設定内容に沿って二要素認証プロバイダから二要素認証に関する通知が表示され、それに従ってワンタイムパスワードの入力や、設定したデバイスにて承認アクションを行うなどすることでログインが可能になります。

・445/tcp: ファイル共有（SMB）の対策

ポート445/tcpはファイルサーバからのファイル取得や、端末間でファイルを送受信する際に利用されるポートです。こちらもリモートデスクトップの3389/tcpと同様、意図して外部に公開しているというケースはほとんど遭遇したことがなく、基本的には意図せず外部に公開されているケースが多いと感じます。また、445/tcpは攻撃者にとっても非常に便利に利用できるポートで、不正プログラムを被害環境に転送した後、転送先で不正プログラムを実行するPsExecという著名なツールなども存在します。そのため、こちらのポートもリモートデスクトップと同様、まずは外部公開の必要性を再検討し、公開の必要性がなければポートを閉じるというのを真っ先に検討してください。どうしても業務上必要な場合は、以下のような対策を推奨します。ただ、いずれもリモートデスクトップの対策で記載したものと同様ですので、詳細についてはそちらを参照してください。

- ログイン元グローバルIPアドレスの制限
- Windowsの最新化（パッチ適用）
- パスワードの複雑化（12文字以上、4種（英大小、数字、記号）を利用する）

・クラウド環境のセキュリティポリシー・ファイアウォール制御

筆者らが過去に受領した対応依頼の中には、侵害を受けたサーバがクラウドサービス上（AWS、Azure等）に存在したケースも何度かありました。クラウドというと難しい印象を受ける方もいらっしゃるかもしれませんが、我々が過去経験したものは単にWindowsサーバがクラウドインフラ上に構築されている、というだけのものがほとんどでした。クラウド上に構築したWindowsサーバそのものの対策については、先述のグローバルIPアドレスへの対策（3.2.2.1項）と同様のためそちらを参考にしてください。

- ログイン元グローバルIPアドレスの制限
- OSに最新のパッチを適用する
- パスワードの複雑化
- 多要素認証を導入する

上記に加え、AWSやAzureなどのクラウドインフラ側でもセキュリティ設定が存在しますので、例えばクラウド上に複数のサーバが存在する場合には、セキュリティグループなどでポートの制御などを一括して行うのが効率的でしょう。

第2章でも掲載していますが、図3.22はAWS上のセキュリティグループにおいて、すべての3389/tcpへのインバウンド通信を許可している画面の例となります。皆様の環境において、同様の設定項目が入っていないことや、あるいは同様の設定が入っているがソースが特定のグローバルIPに限定されていること、などを確認いただくと良いと考えます。

■図3.22　インターネットに3389/tcpが開放されたセキュリティグループ

3.2.2.3 脆弱性対策

・SSL-VPN（443/tcp 等）の対策

443/tcpが開放されている場合、多くはブラウザでアクセスして閲覧するWebサイト（Webサーバー）のケースが多く、ランサムウェア対策という意味においては対処不要なことが多いですが、そうでない場合には、SSL-VPN機器が443/tcpを利用している可能性が高いでしょう。また、先述（108ページ）のとおりSSL-VPN機器の種別や設定によって4443、4433、8443、10443等のポートが使われていることもあります。

一方で、これらのポートは社員が外出先や自宅等からリモート接続して使うためのポートであり単純に閉じたりすることは難しいでしょう。FortiGate、SonicwallといったSSL-VPN機器は自宅や外出先などの外部環境から企業のネットワークに接続するために非常に便利な機器となりますが、攻撃者にとっても悪用ができれば一気に企業内に侵入することができる侵入口になり得ます。大事なポイントは「なんとなく危険だから使わない」ではなく安全な状態で便利に使い続けることですので、以下のような対策を検討し、是非利用を継続してください。

■ 最新のファームウェアへの更新・パッチの適用

利用しているSSL-VPN機器に脆弱性が存在する場合、攻撃者はIDやパスワードが分からなくても機器内の情報などを盗み見たり何か不正なコードを実行したりすることが可能となります。利用しているSSL-VPN機器に最新のファームウェアや修正パッチが存在するかは、機器の型番などでGoogle検索を行ったり、購入した販社に問い合わせることで確認可能です。できれば半年〜1年に1回程度、最新のファームウェア等がリリースされていないか確認を行い、都度計画を立てて適用を行うのが良いでしょう。それに限らず、深刻な脆弱性が公開された場合にはすぐに適用が行えるに越したことはありませんので、セキュリティベンダ・製品ベンダからの情報発信を定期的に確認したり、保守業者からのお知らせやメール通知などを頻繁に見ておけるとより良いでしょう。

一例として、Fortinet社のFortiGateのファームウェアについては、Web管理コンソールにログインし、System > Firmwareの順に選択することで、現在のバージョンや最新バージョンの確認や更新が可能のようです。なお、実際の画面は、FortiGateのモデルやファームウェアのバージョンによって異なる場合があります。

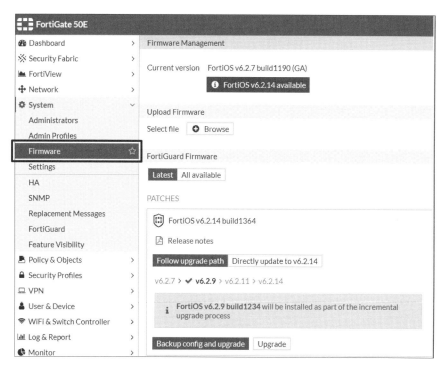

■図3.23　FortiGate ファームウェア更新

■ 二要素認証の導入（外部からの接続、および Web 管理コンソール）

　基本的には先述のリモートデスクトップ（3389/tcp）の対策（113ページ）同様になりますが、SSL-VPN 機器の場合、外部から SSL-VPN に接続を行なって企業の環境にログインする場合の二要素認証だけではなく、SSL-VPN 機器のWeb 管理コンソールのログインにも二要素認証を行うというのは見落とされがちです。SSL-VPN 機器は基本的にはグローバル IP アドレスが振られており、インターネット上のどこからでも Web 管理コンソールのログイン画面まで到達できる状態になっていたことを事例として何件か見たことがあります。この状態で仮に ID とパスワードが推測されてログインされてしまった場合、攻撃者はSSL-VPN 機器の設定を変更したり、不正なユーザを作成したりすることも可能となってしまいます。

　一例として、先ほどと同様に Fortinet 社の FortiGate において Web 管理コンソールに二要素認証を設定する場合ですが、図 3.24 の System > Administrators からユーザアカウントを選択して編集することで、二要素認

証の設定や、ログイン元の IP アドレスレンジを設定することが可能のようです。なお、実際の画面は、FortiGate のモデルやファームウェアのバージョンによって異なる場合があります。

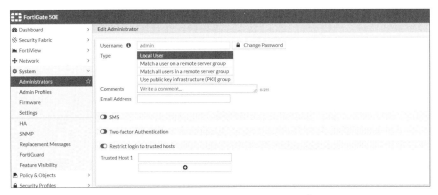

■図3.24　FortiGate 二要素認証設定

・公開サーバ・その他ポートへの対策

　こちらはランサムウェア対策というよりは一般的なセキュリティ対策に近くなるため深くは記載しませんが、組織の中に外部公開している Web サーバや Web サイトなどが存在している場合にはセキュリティ対策が必要になります。また、組織内ではなくいわゆるホスティングサービスの形で外部に Web サイトを構築し運営している場合には、基本的にはセキュリティ対策はホスティングサービスの事業者側でセキュリティ機能を有効化することで対策できますので、ホスティングの場合はホスティング事業者にサービスの確認や問い合わせを行いアドバイスをもらうと良いでしょう。 組織内に公開サーバを構築している場合は、主に以下のようなポイントを確認します。

- 公開しているサービス・ポートの確認
- 公開する必要のないポートの制御
- それぞれのサービスへのパッチ適用・最新化
- 公開しているサービスにパスワード認証が行える場合にはパスワード複雑化
- 脆弱性診断の検討

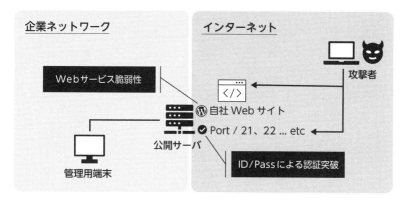

■図3.25　Webサーバ・ポート対策 全体像

　Webサーバの場合、手始めにWordPress、Apache、IISなどを利用しているか確認し、利用している場合にはそれぞれのバージョンを最新化するのが良いでしょう。先述のリモートデスクトップやSSL-VPNとは異なり、IDやパスワードでの侵入ではなく脆弱性を利用して不正プログラム（Webシェルなど）を設置し、Webサーバを踏み台にして組織内部を探索したりされてしまうケースが筆者らの経験上は多いです。そのため、よくありがちな提言にはなってしまいますが、まずは脆弱性対策を行うことが重要です。

　また、公開サーバに対しては脆弱性診断を行なうのも有用です。ただ、それなりの費用がかかってしまうため、手始めに106ページで紹介したShodanで公開サーバのドメインを検索してみるのも良いでしょう。著名な脆弱性が存在する場合はその旨の結果を表示してくれることもありますし、有用な確認方法となります。しかしながら、未知の脆弱性（修正が公開されていないもの）などを想定し始めると、やはり脆弱性診断やペネトレーションテストといった高度な確認も必要になってきますので、公開サーバ内に顧客情報や機微なデータを格納している場合には高度な確認も検討すると良いでしょう。

　Shodanで脆弱性特定を行う場合、図3.26のように自社のWebサイトのURLやIPアドレスなどを検索します。

■図3.26　ShodanによるWebサイト検索1

　結果は図 3.27 のような形で表示されます。ここから掘り下げるのは少し知識が必要になりますが、結果画面の左側にはポート番号や Web アプリケーション名などで結果が分類されフィルタできるようになっていますので、例えば Web サービスである Apache httpd を選択すると、1 件の Web サイトに結果がフィルタされるので、その後 Web サイト名を選択します。

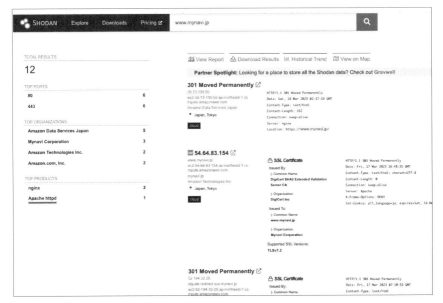

■図3.27　ShodanによるWebサイト検索2

当該の Web サイト（Web サービス）に脆弱性が存在する場合は図 3.28 のように、結果画面の左下に脆弱性が一覧表示されます。

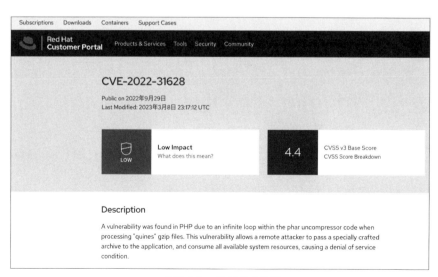

⚠ **Vulnerabilities**

Note: the device may not be impacted by all of these issues. The vulnerabilities are implied based on the software and version.

CVE-2019-0196　A vulnerability was found in Apache HTTP Server 2.4.17 to 2.4.38. Using fuzzed network input, the http/2 request handling could be made to access freed memory in string comparison when determining the method of a request and thus process the request incorrectly.

CVE-2022-31628　In PHP versions before 7.4.31, 8.0.24 and 8.1.11, the phar uncompressor code would recursively uncompress "quines" gzip files, resulting in an infinite loop.

CVE-2022-31629　In PHP versions before 7.4.31, 8.0.24 and 8.1.11, the vulnerability enables network and same-site attackers to set a standard insecure cookie in the victim's browser which is treated as a `__Host-` or `__Secure-` cookie by PHP applications.

■ 図3.28　ShodanによるWeb脆弱性の特定

表示されている「CVE」とは「Common Vulnerabilities and Exposures」の略称で、脆弱性に付与される ID のようなものです。この番号で検索を行うと、どういったパッチやバージョンでその脆弱性が修正されているかや、その脆弱性の深刻度のようなものが分かります。

試しに、画像に表示されている「CVE-2022-31628」を検索すると、図 3.29 のページが表示されました。

Subscriptions　Downloads　Containers　Support Cases

Red Hat
Customer Portal　Products & Services　Tools　Security　Community

CVE-2022-31628

Public on 2022年9月29日
Last Modified: 2023年3月8日 23:17:12 UTC

| LOW | Low Impact
What does this mean? | 4.4 | CVSS v3 Base Score
CVSS Score Breakdown |

Description

A vulnerability was found in PHP due to an infinite loop within the phar uncompressor code when processing "quines" gzip files. This vulnerability allows a remote attacker to pass a specially crafted archive to the application, and consume all available system resources, causing a denial of service condition.

■ 図3.29　CVE検索結果

　この脆弱性をどう理解し捉えて対処するかについては、それなりの背景知識が必要となるため良く議論になりますが、誰もが分かりやすい指標としてCVSS（Common Vulnerability Scoring System）というスコアがCVEに付与されているため、こちらのスコアが高いものなのかそうでもないものなのか、で修正を行うかどうかの判断や優先度を決めるというのが一般的な運用方法となります。図3.29の例ではCVSSのスコアが4.4と低いため、他に対処すべきものがなければ対処できるのが望ましいですが、優先度は低いだろうと整理する事ができます。

深刻度	CVSS v3基本値	深刻度	CVSS v2基本値
緊急	9.0〜10.0	レベルIII (危険)	7.0〜10.0
重要	7.0〜8.9		
警告	4.0〜6.9	レベルII (警告)	4.0〜6.9
注意	0.1〜3.9	レベルI (注意)	0.0〜3.9
なし	0		

■図3.30　CVSSスコア

3.2.2.4　Web対策

　事例としてはあまり多くないですが、ユーザの端末からのWebサイトへのアクセスがきっかけでランサムウェアに感染するというケースも存在します。この場合は、ブラウザに存在する脆弱性等をきっかけにWebサイトを閲覧したタイミングで端末上にランサムウェアが展開・実行されてしまうといったものが考えられますので、そういったサイトに誘導されないようにすることが重要になります。図3.31にWeb対策の全体像を記載しました。

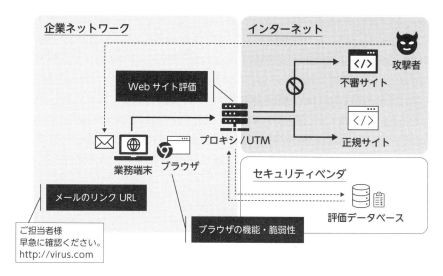

■図3.31　Web対策 全体像

・メールのリンク URL: 不審なメールの受信対策

　メールの対策については別項目にて記載していますが、不審なメールに記載されたハイパーリンク（URL）経由で不審な Web サイトを閲覧してしまうというケースが多いため、そもそも不審なメールを受信しないようにするというのは効果的な対策となります。対策方法の詳細については後述するメール対策の箇所を参照してください。

・Web サイト評価 : 評価データベースによる Web サイトの評価と制御

　企業のユーザが Web サイトにアクセスする際に、そのサイトが安全であるかをチェックできるしくみがあります。ユーザがアクセスを行う前に不正な Web サイトのデータベースと突合して、不正と思われるものであればアクセスをブロックし、そうでなければ閲覧を許可するといったしくみで動作しています。こちらを導入するには端末上にソフトウェアをインストールして機能を有効にするか、通信経路上のプロキシサーバや UTM などで機能を有効化する方法があります。経路上で行う方が端末の負荷を上げずに、一括した制御を行えるためお勧めしますが、導入・運用コストは端末上で行う方が安いと考えられます。

　端末にインストールして使うセキュリティ対策製品に Web サイト評価の機能が付いている場合には最も手軽に実装ができるかと思いますので、まずはそ

ういった機能が導入済みのセキュリティ対策製品に存在するかの確認と、存在する場合には有効になっているか確認を行うと良いでしょう。例えばトレンドマイクロ社の Apex One (旧名ウイルスバスター Corp.) では、「Web レピュテーション」という機能を有効にすることで、業務端末が Web サイトにアクセスした際に安全性を評価して、危険度が高い場合はアクセスをブロックすることが可能になっています。[24]こういったセキュリティ対策製品の機能の場合には、ブラウザ以外の不正なソフトウェア・プロセスによる外部接続についてもブロックの対象となる点や、セキュリティベンダ独自の検出手法や危険なサイトに関する膨大なデータベースを持っている点があるため、費用に余裕があれば検討すると良いでしょう。

　端末ではなく経路上で不正通信の制御を行う場合、プロキシ型で著名な製品としてはデジタルアーツ社の i-FILTER などがあります。この場合社内にプロキシサーバを設置する手間と運用コストが掛かりますが、昨今ではクラウドプロキシと呼ばれるような、クラウド上でプロキシ機能を提供してくれるサービスがありますので検討に値するでしょう（Zscaler などが有名です）。また、UTMと呼ばれるハードウェア型の対策製品を製品を通信経路上に設置することで、危険なサイトへのアクセスを制御することが可能になります。こちらもさまざまな製品が存在しますが、有名どころでは先述の SSL-VPN 機器としても登場した Fortinet 社の FortiGate や Palo Alto Networks の PA シリーズなどがあります。経路上での不正通信の制御は、端末上での導入に比べ費用こそかかるものの、端末に負荷が掛からなかったり、配下の端末すべてに共通のセキュリティが提供できる点が優れているため、費用に余裕があれば検討に値します。

・ブラウザの機能・脆弱性：ブラウザのセキュリティ機能の利用

　インターネットにアクセスするための Web ブラウザに、危険なサイトを一定の基準で検知して閲覧を制限するようなセキュリティ機能が実装されていることがあります。例えば、Google Chrome であれば「セーフブラウジング機能」などがまずは無償で気軽に行える対策となります。本機能の有効化手順は以下のとおりとなります。

1. 業務端末で Chrome を開きます。
2. 右上の３つの点のアイコンをクリックし、設定 をクリックします。
3. プライバシーとセキュリティを選択します。
4. 右側の「セキュリティ」をクリックします。

5. セーフブラウジング内の「保護強化機能」あるいは「標準保護機能」を選択
します。

■図3.32　Chrome セーフブラウジング機能 設定方法

・ブラウザの機能・脆弱性 :Web ブラウザの脆弱性対策（最新バージョンの利用）

　ブラウザに脆弱性が存在すると、不正な Web サイトへのアクセス時にその
脆弱性が悪用されて不正プログラムに感染してしまうケースがあります。正規
の Web サイト内に表示される広告を悪用した攻撃なども観測されているため、
不正サイトへのアクセスを完全に回避することは困難です。ブラウザのアッ
プデートは OS の自動アップデートに比べて業務への影響は小さいはずですの
で、できれば自動的にアップデートされる設定を入れておくのが良いでしょ
う。難しい場合には、定期的なアップデートを行うようにしてください。また、
Internet Exploler などサポートが終了しているブラウザを古い社内システムへ
のアクセスのために残しているケースも多いようですが、サポートが終了して
いるブラウザの利用を停止できない場合は、当該ブラウザからのアクセスサイ
トを社内の必要な URL に限定すると良いでしょう。

以下では Chrome におけるアップデート方法を記載します。

1. 業務端末で Chrome を開きます。
2. 右上の3つの点をクリックし、設定 をクリックします。
3. 「Chrome について」をクリックします。
4. 「Chrome を更新」をクリックします。
   （※ このボタンが表示されない場合、使っている Chrome のバージョンは最新）
5. 「再起動」をクリックします。

■図3.33　Chrome アップデート方法

・Web アクセスのホワイトリスト化

　これは実装難易度が高いと思うので最終手段に近いのですが、業務で利用する Web サイトが限定されている場合には、許可された Web サイトのみが閲覧できるようにホワイトリスト化をするというのはかなり強力な対策になります。一方で、業務の利便性が著しく低下する可能性もありますし、このサイトを業務で使用したいのでホワイトリストに登録してくれ、といったようなユーザのリクエストにも都度対応していかなければいけないため、強力ですが諸刃の剣のような対策です。業務で利用する Web サイトがかなり限定されている環境の

場合には検討すると良いでしょう。ホワイトリスト化については、利用者の個々の端末ではなく全端末の経路上のプロキシサーバや UTM 等で設定する形が一般的になります。

column

ホワイトリスト化の弊害

セキュリティは利便性と天秤だと言われることが良くありますが、Web アクセスのホワイトリスト化はその最たる例だと感じます。セキュリティ対策としてはたしかに非常に強力なのですが、社員の反発も大きいですし、以下のような弊害があると考えられます。

- 社員の成長の阻害要因になる（不明点を直ぐに調べられない）
- 競争力の低下（利便性 , 効率の低下）
- 優秀な社員が退職してしまう（環境への不満）

column

業務に必要だがリスクのあるサイトの閲覧

業務には一応関係のあるサイトだけど少し見るのが怖いサイトというのも実際のところ存在するかと思います。こういったニーズへの対策として、筆者が過去企業の方に聞いた事例で良いと思ったのは、組織内に「自由に Web アクセスが可能な端末」というのを準備しておくというものです。その端末は企業のネットワークから切り離して機微な情報も置かず、USB メモリも接続させないという風にし、必要な時に自由に触れるようにしているとのことでした。これによって、業務端末で危険な Web ページを見る可能性を下げることができ、また、万が一この「自由に Web アクセスが可能な端末」が感染してしまっても初期化をすれば良いため、企業活動には影響しません。技術的な対策ではありませんが非常に良い対策だと感じました。とはいえこの端末が感染して攻撃者の踏み台になってしまうリスクは出てしまいますので、欲を言えばこの端末もセキュリティ対策製品の導入などの基本的な対策、定期的な OS 初期化や未使用時の電源 OFF などは実施できるとより良いでしょう。

3.2.2.5　メール対策

　メール対策も、標的型ランサムウェア攻撃という意味では少し事例が少ないのですが観測はされています。メールは攻撃者から見たときに、被害組織のメールアドレスさえ分かれば不正プログラムを添付して組織内に送り込み、運よく従業員が開いてくれればその瞬間に被害環境内に侵入できますので、古典的ですが強力な攻撃手法となります。メール対策の全体像は図3.34のとおりです。

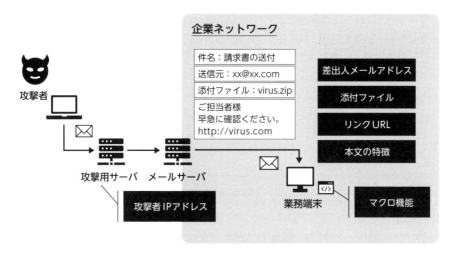

■ 図3.34　メール対策 全体像

　以下より、基本的な対策項目について簡潔に記載します。

・添付ファイル：不正プログラム検索

　まずは定番の対策になりますが、メールの添付ファイルをパターンファイルで検索し、不正プログラムであった場合は削除・隔離する機能は最初に検討すると良いでしょう。この機能があれば、流行りの攻撃であれば概ね受信を拒否する事ができます。更に一歩先を目指す場合は、サンドボックスと呼ばれる機能を導入すると、添付ファイルを仮想環境で実行し、怪しい動きがあれば受信を拒否してくれます。こちらはかなり導入コストがかかる事が一般的ですので、その他の対策を行なった上でも不安があり、かつ予算の余裕がある場合などに検討すると良いでしょう。

メール対策についてはさまざまなセキュリティ対策製品が存在しますが、もしメールをホスティング（外部のサービス事業者のメールサーバを利用しているような状態）している場合には、その事業者がオプションでメールの不正プログラム検索を行うようなものを提供していることがあるため、ホームページ等でオプションの有無などの確認を行うと良いでしょう。また、先述の「3.2.2.4 Web対策」でも登場したUTMではメールの添付ファイル検索の機能も付いていることが一般的ですので、UTMで実施するのも良いと考えます。

・添付ファイル：よく悪用される拡張子のブロック

メールの添付ファイルの拡張子については、メール向けのセキュリティ対策製品、メールサーバやホスティングのメールサービス上で受信を制御することができます。そのため、通常メールに添付することはないと思われる実行形式の拡張子などは制御しておく事が望ましいでしょう。以下によく悪用される拡張子の一例を記載します。

exe、vbs、js、bat、scr、cmd、com、lnk、iso、ps1、hta

上記以外も含めて制御を検討したい場合には、Microsoft Outlookが添付ファイルとして無効化対象にしている拡張子が参考になります。

Outlookでブロックされる添付ファイル

https://support.microsoft.com/ja-jp/office/outlook-でブロックされる添付ファイル-434752e1-02d3-4e90-9124-8b81e49a8519

Outlook でブロックされるファイルの種類

ファイル名拡張子	ファイルの種類
.ade	Access プロジェクト エクステンション (Microsoft)
.adp	Access プロジェクト (Microsoft)
.app	実行可能アプリケーション
.application	ClickOnce 展開マニフェスト ファイル
.appref-ms	ClickOnce アプリケーション参照ファイル
.asp	Active Server Page
.aspx	Active Server のページの拡張
.asx	ASF リダイレクター ファイル

■図3.35 Microsft Outlookで無効化される拡張子一覧の一部

・本文の特徴 : スパム判定機能

メール本文の書き振りなどを元にスパムメールか否か判別する機能も定番ですが念のため有効にしておくと良いでしょう。ただ、こちらはあくまでスパムメールの排除が目的の機能ですので、ランサムウェアへの対策という意味ではそこまで効果は高くないと考えられます。こちらも136ページ「添付ファイル : 不正プログラム検索」と同様にホスティング事業者がオプションで提供していたりUTMに機能が付いていたりすることが一般的なため、そちらを確認・検討するのが良いでしょう。

・リンク URL: メール内のリンク URL の不審度判定

メール本文内に含まれるリンクURLについては、攻撃者のフィッシングサイトに誘導して情報を抜き取るような巧みな Web サイトに誘導するものであったり、不正プログラムをダウンロードさせるような URL であったりすることがあります。対策としては、メール内のリンク URL が危険なものであるかどうかを

判定し、危険である場合にメールそのものを隔離できるような機能を利用するのが良いでしょう。あるいは、Web 対策の項目で記載している評価データベースによる評価が行われていれば、仮にメールのリンクにアクセスしてもその際にアクセスが制御されますので、そちらに頼るというのでも良いでしょう。

更に万全を期すのであれば、メール対策ソフト・サービスのセキュリティベンダと、Web 対策ソフト・サービスのセキュリティベンダを分けると、セキュリティベンダによって評価データベースの量や品質が異なるため、よりさまざまな不審サイトへのリンクを制御することができます。一方でこの構成のデメリットとして、サポート問い合わせ先や契約先が増えてしまう、製品間の連携やログ集約が行いにくくなるという点もありますので、天秤にかけて判断する必要があります。

・差出人メールアドレス：差出人の「表示名」と「実メールアドレス」の差異確認

こちらは他の対策と異なり技術的な対策ではなく、メールを開くユーザが注意する点になります。メール差出人の名前が一見すると正しいものに見えるものの、実際のメールアドレスが全く異なるものであるというケースがあります。ちょうど筆者の手元に着信しているスパムメールで良い例がありましたが（図3.36）、このメールを見ると表示名は「JACCS カード」となっていますが、<>内のメールアドレスをよく見ると「jaccss.co.jp」と "s" が 1 つ多いドメイン名になっており、JACCS とは関係のない不審なメールになっています。ただし、この類で言えば 0（ゼロ）と O（オー）が置き換わっているような一目には分かりづらいものもありますので、人の目に頼らない他の機械的な対策も並行して検討すると良いでしょう。

また、昨今では正規のメールドメインからの「なりすまし送信メール」も増えており、この場合は目視では気付きようがないため、送信元のドメインを認証する技術（SPF、DKIM、DMARC）を導入して機械的になりすましメールの受信を防ぐ対策が有効です。詳しくは以下の Web サイトを参考にしてください。

なりすまし送信メール対策について
https://www.antiphishing.jp/enterprise/spoofing.html

[Spam message]【JACCSカード】重要なお知らせ

JACCSカード <no-reply@jaccss.co.jp>
宛先 ━━━━━━━━━━（━━━━）

■図3.36 表示名と実メールアドレス

・攻撃者 IP アドレス : 不審な IP アドレスからのメール受信の拒否

この対策は手動で行うことは難しいため、基本的にはサービスを購入する形になりますが、攻撃者が利用するメールサーバ（MTA）の IP アドレスからのメールを拒否するサービスなどが存在するため、自社でメールサーバを運用している場合等は検討すると良いでしょう。また、ホスティングのメールサービスを利用している場合はオプションでこのような機能を提供している可能性もあるため確認してみると良いでしょう。一例として、トレンドマイクロ社の Trend Micro Email Security では、IP レピュテーションと呼ばれる機能が該当します。

Trend Micro Email Security (トレンドマイクロ)
https://www.trendmicro.com/ja_jp/business/products/user-
protection/sps/email-and-collaboration/cloud-email-gateway-
services.html

・マクロ機能 : Office のマクロ機能の無効化

不審なメール添付ファイルを利用した攻撃手法の１つとして、Office のマクロ機能を利用して不正なスクリプトを実行し、外部から不正プログラムを追加で落としてきて実行するようなものがあります。こちらはランサムウェア対策というよりは EMOTET などの一般的な不正プログラムの対策に近いですが、実施しておくに越したことはないため、念のため記載します。なお、業務でマクロ機能を利用する端末の場合は業務影響が考えられますので、事前に業務利用の状況については確認を行う必要があります。

ここでは「Office 2019 Word」のマクロ機能無効化手順を記載します。

1. 「ファイル」→「オプション」をクリックし、オプションを開きます。
2. 「セキュリティセンター」→「セキュリティセンターの設定」を クリックします。

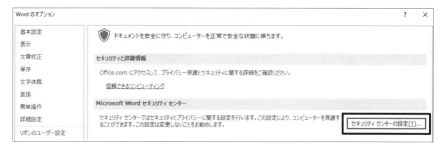

■図3.37 Office Word マクロ無効化 手順2

3.「マクロの設定」→「警告を表示してすべてのマクロを無効にする」→「O
K」をクリックします。

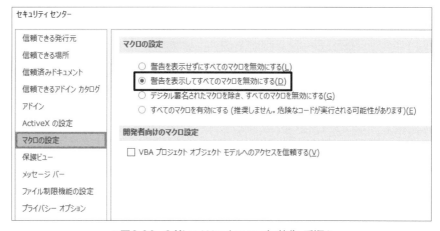

■図3.38 Office Word マクロ無効化 手順3

3.2.3 検出回避

　検出回避のフェーズにおいては、主に端末上で動作しているセキュリティ対策製品を無効化する手法が使われると第2章で紹介しました。セキュリティ対策製品がひとたび無効化されてしまうと、その端末はあらゆる侵害行為に対して無防備になってしまうため、重篤な被害をもたらしてしまう可能性があります。セキュリティ製品の無効化に使われる代表的な手法として3つを解説しましたが、これらに対してどのような対策が有効かを見ていきます。

■表3.5　検出回避の代表的な手法

#	手法
1	正規のカーネルモードドライバの悪用
2	正規のカーネルモードドライバに存在する脆弱性の悪用
3	正規の手順でのアンインストール

3.2.3.1　アカウント管理

・特権アカウントを堅牢にする

　まずはカーネルドライバを悪用する手法、およびカーネルドライバに存在する脆弱性を悪用してセキュリティ対策製品を無効化する手法についてです。

　ひとたび悪用されると重篤な被害をもたらす本手法ですが、カーネルモードドライバを使用するためにはそもそもその前提として管理者権限が必要となります。すなわち、管理者権限を持つ特権アカウントを詐取されないようにすることが、本手法に対する最大の防御策と言えるでしょう。

　特権アカウントを堅牢にする対策手法に関しては、「3.2.5　認証詐取/権限昇格」で解説をしていますので、そちらを参考にしていただければと思います。

3.2.3.2　セキュリティ対策製品の活用

・追加機能の有効化

　矛盾するように聞こえますが、セキュリティ対策製品を無効化されないためには、セキュリティ対策製品を正しく活用することが重要となります。例をあげながら具体的に見ていきましょう。

　セキュリティ対策製品の無効化のために悪用されるProcess Hacker等のツー

ルに関しては、そのほとんどがセキュリティ対策製品によって検出対応されています。したがって、本来であれば攻撃者によってツールが悪用される時点で検出が可能となるはずです。それにも関わらずセキュリティ対策製品が無効化されてしまう理由としては、そのほとんどが「セキュリティ対策製品に備わっている追加機能を有効化していなかったため」というのが筆者らがこれまで経験したインシデント対応における見解です。

そもそも、これらのツールをセキュリティ対策製品が検出するポイントとしては、下記2つのいずれかになります。

1. ツールが端末に設置された（ディスクに書き込まれた）瞬間、そのツールのファイルハッシュ情報で検出する
2. ツールを起動してセキュリティ対策製品の無効化を試みる挙動を検出する

トレンドマイクロ社製品であれば、1.に関してはスパイウェア / グレーウェア検索機能で、2.に関しては挙動監視機能と呼ばれる追加機能で検出します。筆者らが経験したインシデント対応の現場では、被害にあってしまった企業のほとんどで、これらの機能が有効化されずに運用されていました。

すなわち、製品を正しく運用できていれば本来防げた可能性が非常に高かったということになります。トレンドマイクロ社以外の製品でも、大抵は同様の機能が備わっているはずなので、ベンダに問い合わせつつ、同様の追加機能の有無を確認し、有効化を行いましょう。

■図3.39 スパイウェア/グレーウェア検索機能の設定画面

■図3.40 挙動監視の設定画面

　ただし、正規のカーネルドライバに存在する脆弱性が悪用される手法では、商用目的の製品にも備わっているようなドライバが使用されるケースがあるため、一般的にどのセキュリティ対策製品でもパターンファイルは作成していない可能性が高いです。したがって、パターンファイルによる検知ではなく、セキュリティ対策製品を無効化しようとする挙動そのものを検知するような、挙動監視機能で対策するのが現実的と言えるでしょう。

　また、製品によっては、上記機能をすり抜けてセキュリティ対策製品が無効化されてしまったとしても、セキュリティ対策製品が無効化されたこと自体を検知して、当該端末からのアクセス制御を自動で適用する機能が具備されているものもあるので、上記対策に加えてこれらも検討するとよりリスクを減らすことができるでしょう。

3.2.3.3 Windows追加機能の活用

・WDAC機能の活用

　WDACとはWindows Defender Application Controlの略で、Windowsに備わっている機能の1つです。ユーザが実行可能なアプリケーションや、インストール可能なドライバをポリシーとして設定することで、承認されていない

アプリケーションやドライバの使用や、あるいは明示的に使用を禁止しているものの実行を制限することが可能となります。[30]

その中でも、Microsoft社は脆弱なドライバの一覧が記載されたポリシーを提供しており、WDACによる使用制限を推奨しています。一覧の中には、先述したようなセキュリティ対策製品を無効化を可能とするドライバも含まれているため、これらの攻撃を防ぐうえで本機能を活用することは有用と言えるでしょう。

また、既にセキュリティ対策製品がインストールされている端末でも、WDACが併用可能なケースがあるため、そのような場合はセキュリティ対策製品による対策と多層で活用し、環境を防御すると良いでしょう。

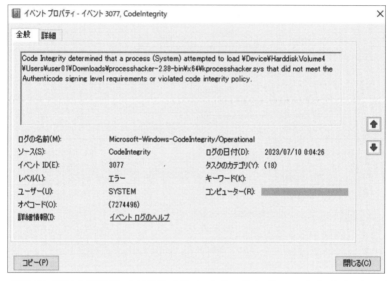

■図3.41　WDAC機能によりドライバインストールをブロックしたイベントログ

3.2.3.4　セキュリティ対策製品の管理

次に、正規の手順でセキュリティ対策製品をアンインストールする手法に対する対策です。IT担当者アカウントを悪用して、セキュリティ対策製品の管理コンソールから各端末上のセキュリティ対策製品をアンインストールされてしまうと、製品側としてはそれが攻撃者によるものなのかIT担当者によるものなのか区別がつきません。したがって、この手法への対策は、当該アカウントを詐取されないこと、また、詐取されたとしても簡単に管理コンソールにログインされないような工夫を施すことが重要となってきます。

・IT 担当者アカウント情報をブラウザに保存しない

当該アカウントが詐取されてしまう理由として大きいのは、過去に IT 担当者がブラウザで管理コンソールにログインした際、その認証情報をブラウザに保存してしまっており、それが攻撃者によって詐取されてしまうことです。

したがって、ブラウザ上への認証情報の自動保存機能を無効化して普段から運用することが効果的です。本機能の無効化の手順については、前節の「認証詐取 / 権限昇格」で解説をしていますので、そちらを参考にしていただければと思います。

・管理コンソールに二要素認証を導入する

ほとんどのセキュリティ対策製品では、管理コンソールへのログインに二要素認証が設定可能になっているはずです。万が一 IT 担当者アカウントが詐取されてしまった場合に備えて、二要素認証も導入することで、管理コンソールへの不正ログインのリスクを減らすことが可能になるでしょう。

3.2.4 コールバック

コールバックとは環境内に侵入した攻撃者の不正プログラムやツールが攻撃者の指令サーバ等に接続するための動作および通信となります。通信の制御については既に「3.2.2.4 Web 対策」の項目で記載している通信先を評価して制御するような機能の導入が有効です。また、この後説明する内部探索・横展開でも同じことが言えますが、いわゆるエンドポイント型のセキュリティ対策製品の導入により、コールバック・探索や横展開を行うプログラム（不正プログラム）そのものを駆除したり動作を制御したりすることが見込めます。以下にコールバック対策の全体像を記載します。

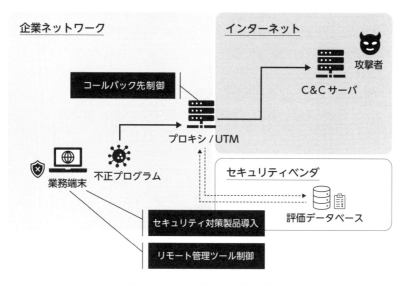

■図3.42 コールバック対策 全体像

3.2.4.1 セキュリティ対策製品の活用

・不正通信を制御する

先述の「Web対策」に記載しているものと同様ですが、通信先を評価して制御する製品・機能の導入を検討します。不正通信先のデータベースはセキュリティベンダによって量や得意不得意の差がありますので一概にどれが良いとは記載しづらいですが、ベンダ内にセキュリティリサーチを行っている部隊が存在すること、それなりのシェアがある（企業からの問い合わせがデータベースの拡充に寄与するため）こと、などを参考にすると良いでしょう。詳細な解説については先述の「3.2.2初期侵入」カテゴリの「3.2.2.4 Web対策」を確認してください。

・端末にセキュリティ対策製品を導入する

コールバックを行うプログラム（不正プログラム）の特徴や動作を検知して制御を行うために、セキュリティ対策製品を導入します。昨今では利用者の業務端末には導入済みであることがほとんどだと思いますが、筆者らが経験したインシデントでは、以下のようなことが原因で感染を広げてしまうといった事例が多数ありましたので、いずれかに該当していないかを念のため確認を行ってください。

- 製品のパターンファイルが最新になっておらず、検出できたはずの不正プログラムにより感染してしまった
- 製品で利用可能な追加機能が有効になっておらず、防げたはずの攻撃手法により感染してしまった
- サーバにセキュリティ対策製品が導入されていなかった、あるいは導入されていたがリアルタイム検索機能が有効になっていなかった

　なお、セキュリティ対策製品には個人向けのものや法人向けのものがありますが、法人向けの製品の場合には大概以下のメリットがありますので、なるべく法人用の製品を利用するようにしてください。

- 設定値の一元管理：設定の漏れや利用者による勝手な設定変更を防ぐことができる
- パターンファイル適用状況の一元管理：最新パターンファイルの適用漏れを防ぐことができる
- 検知ログの一元管理：有事の際に不審なログに気付いたり、過去の検知を後追いすることができる
- 管理機能をクラウド上に保持している：社内ネットワーク環境が感染被害にあった際も影響を受けず、各種管理機能が維持できる

3.2.4.2　外部通信の制御

・認証プロキシの導入

　プロキシサーバとは端末の代わりにインターネットアクセスを行ってくれる代理サーバであり、インターネットアクセスの高速化や効率化・アクセスログの集約やセキュリティ機能の提供などを行ってくれるサーバです。認証プロキシとは、端末からプロキシを経由して外部にアクセスする際に何らかの認証が要求されるプロキシサーバ、ということになります。

　認証プロキシを導入している環境では、不正プログラムが感染した端末からコールバックを行う際、認証プロキシの認証が行えず、コールバックに失敗してしまうというケースが良く見られるため、セキュリティ対策として有効です。特にサーバに不正プログラムが感染した場合には、一般的にサーバは直接外部に接続するケースが少ないためプロキシ設定などを持っておらず、不正プログラムが認証プロキシの認証に失敗し、コールバックに失敗しているケースが多

いです。

　一方で、業務端末が感染してしまった場合には、ユーザがログインした状態であればLDAP連携などでプロキシ認証をしている場合に不正プログラムがコールバックに成功してしまうケースがあります。また、不正プログラムによってはプロキシ設定の情報をブラウザ等から詐取することも可能であるため、認証プロキシ機能のみでは完璧な対策とは言い難い状況ですので、他の対策も含めて検討していただければと考えます。

　なお、「3.2.2.4 Web対策」でも言及していますが、プロキシサーバを組織内に構築するのが難しい場合には、昨今ではクラウドプロキシと呼ばれるクラウド側でプロキシ機能を提供してくれるサービスが多く出てきているため、是非検討すると良いでしょう。また、プロキシ機能を提供している製品やサービスは一般的に不正な通信先の通信制御や、通信内容の不正プログラム検索や監視なども併せて提供しているケースが多いため、Web対策を導入しようとすれば副次的に「認証プロキシ」機能を導入できるケースがほとんどであると思いますので、併行して検討すると良いでしょう。

・リモート管理ツール（RMM）の制御

　不正なツールや不正プログラムであればセキュリティ対策製品で駆除や制御を行うことが可能なのですが、昨今のランサムウェアを悪用する攻撃者は、商用のリモート管理ツール（RMM: Remote Monitoring and Management）を悪用して侵入後の端末を操作します。代表的で有名なものではAnyDesk、TeamViewer、SplashTopといったソフトウェアがあります。いずれも多機能で大変便利なツールとなっており、企業で決めたルールに沿って利用すること自体に問題があるわけではありませんが、攻撃者が悪用できないようにしたり、攻撃者が悪用した際に気づけるような状態にしておくことが大事です。少し対策の難易度は高いのですが、他の対策がある程度実装でき、高度な対策を検討したいという場合には、RMMへの対策を検討すると良いでしょう。

■リモート管理ツール（RMM）の利用状況の調査

　企業環境内で、どのリモート管理ツールが使われているか調査します。社員数が少なければヒアリングでも良いのですが、社員数や端末数が多い場合には、次の表3.6を参考にリモート管理ツール通信先への通信状況を確認したり、資産管理ツールを導入している場合にはそちらでツールのインストール状況を把握するのが良いでしょう。

■表3.6 リモート管理ツールの通信先と製品名

Tool	通信先	製品名
AnyDesk	*.net.anydesk.com	ANYDESK
Atera RMM	*.atera.com, ps.pndsn.com	ATERAAGENT
ConnectWise	*.screenconnect.com	SCREENCONNECT
LogMeIn	*.logmein.com	LOGMEIN
Remote Utilities	*.remoteutilities.com	REMOTE UTILITIES
Splashtop	*.splashtop.com	SPLASHTOP® STREAMER
SupRemo	*.nanosystems.it	SUPREMO REMOTE CONTROL
TeamViewer	*.teamviewer.com	TEAMVIEWER

■ 利用しないリモート管理ツールの制御

　利用状況調査を行い、組織内で利用しないリモート管理ツールが明らかに
なったら、それらの動作を制御します。動作の制御には通信先のリレーサーバ
への通信を制御する方法と、通信するプログラムを制御する方法があります。
通信先の制御については、経路上の UTM やプロキシサーバ等で、表 3.6 の通
信先等を参考に制御を行ってください。プログラムの動作を制御する場合には、
Windows の標準機能である AppLocker を使うのが良いでしょう。以下より、
AppLocker での制御手順を記載します。

1. 前提の作業として、サービス「Application Identity」が有効になってい
   るか確認します。スタートメニューに「サービス」等と入力しサービスを
   起動します。
   サービスの一覧から「Application Identity」が実行されているか確認し
   ます。

実行されていない場合は当該サービスを右クリックし「開始」を選択します。

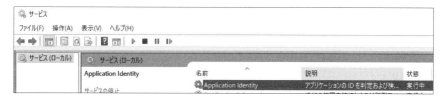

■図3.43 Application Identity サービスの開始

2. スタートメニューに「ローカル」等と入力し「ローカルセキュリティポリシー」を選択します

3.「アプリケーション制御ポリシー」の「AppLocker」から「実行可能ファイルの規則」を選択し、画面右側で右クリックし「新しい規則の作成」を選択します。

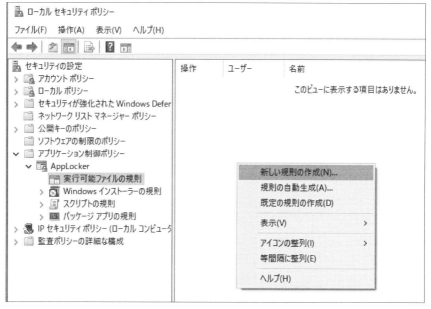

■図3.44 AppLocker 新しい規則の作成

4.「アクセス許可」で「拒否」を選択します。

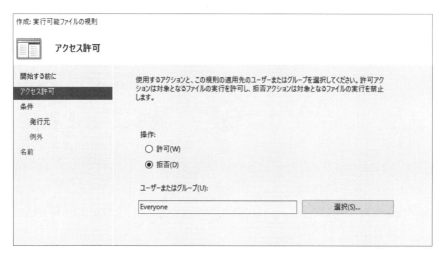

■図3.45 AppLocker アクセス許可の設定

5.「条件」で制御したい条件を選択します。ここでは例として「発行元」を選択します。

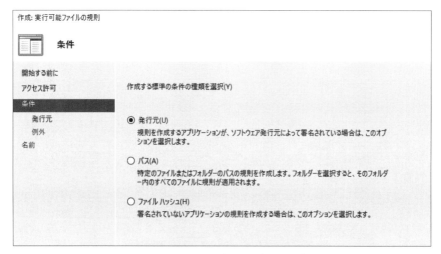

■図3.46 AppLocker　発行元の選択

6. 参照ファイルの「参照」から、任意の実行ファイル（exe）を選択した後、「カスタム値を使用する」のチェックボックスを有効化し、「製品名」の箇所にツール名を入力します。スクリーンショットでは例として「ANYDESK」を入力しています。当然、制御をしたいツールの製品名を入力してください。

■図3.47 AppLocker　製品名の入力

なお、筆者らは2023年1月にこのリモート管理ツールに対してどのように対策を行うべきかについて詳細な発表を行っていますので、興味のある方はぜひ確認してください。本書に書ききれない、各リモート管理ツールの特徴や痕跡の残り方なども記載しています。

Analysis on legit tools abused in human operated ransomware(JPCERT/CC)

https://jsac.jpcert.or.jp/archive/2023/pdf/JSAC2023_1_1_yama
shige-nakatani-tanaka_en.pdf

3.2.5 認証詐取 / 権限昇格

攻撃者は被害環境へ侵入した後、ほぼ確実に高い権限を狙ってくると第2章では説明をしました。ここでは、高い権限の奪取に使われる攻撃手法に対して有効な対策を1つ1つ解説をしていきます。

対策を大きく分けると、下記4種類の対策に大別されます。

- アカウント管理
- Windows 追加機能の活用
- 認証情報の保存設定変更
- セキュリティ対策製品の活用

「3.2.5.1 アカウント管理」では、攻撃者に必ず狙われると言ってもよい特権アカウントを守るために、どのような運用管理を施せばよいのか解説します。「3.2.5.2 Windows 追加機能の活用」では、Windows 端末にデフォルトで備わっている機能のうち、当該攻撃に対して有効なものを取り上げ、その効果と使い方について解説します。「3.2.5.3 認証情報の保存設定変更」では、当該攻撃の影響を少なくするために有効な設定変更と、その効果について解説します。最後に、「3.2.5.4 セキュリティ対策製品の活用」では、セキュリティ対策製品がどのように認証詐取 / 権限昇格の攻撃手法に対して有効かを解説します。

3.2.5.1 アカウント管理

・ドメインアカウントの管理

ある一定規模以上の環境の場合、Active Directory 環境を構築 / 運用している企業がほとんどだと思います。Active Directory 環境の場合はドメインアカウントを業務で主に取り扱うことになりますが、本アカウントを堅牢にするために効果的な対策を次のとおり4つ取り上げて解説していきます。

概要
特権グループに属したアカウントの使用を制限する
サービスやタスクに特権アカウントを使用しない
特権アカウントに対して、委任トークンを生成しない設定を有効化する
特権アカウントによるログインを制限する

■ 特権グループに属したアカウントの使用を制限する

Active Directory 環境を構築すると、ドメイン管理者権限を有する下記特権グループがデフォルトで作成されます。これらの特権グループに属するアカウントが攻撃者に詐取されると、Active Directory 環境内のリソースに対してあらゆる操作が可能となってしまうため、取り扱いには十分注意する必要があります。

■表3.8　デフォルトで生成される特権グループ

#	グループ名
1	Administrators
2	Domain Admins
3	Enterprise Admins

それではどのようなことに気を付けながらこれらの特権グループを扱えば良いのでしょうか。下記にいくつか代表的な例を記載します。

• Administrator アカウントを運用に使用しない

Active Directory 環境を構築すると、Administratorという名のアカウントが自動で作成されます。本アカウントは、これらの特権グループにデフォルトで所属する非常に権限の高いアカウントです。本アカウントを日常の運用で使用することは避けましょう。第2章で解説したとおり、一度特定のアカウントでログインすると、当該アカウントの認証情報が端末に残され、攻撃者に詐取されるリスクがあるからです。運用においては、必要最低限の権限を付与したアカウントを使い、どうしても管理者相当権限での操作が必要になった場合は、その操作に必要な権限を一時的に委任して運用するよう注意を払うと良いでしょう。[25]

第3章
実践的ランサムウェア対策

155

- **Administrator アカウントのパスワードを複雑化する**

初期侵入の「パスワードの複雑化」（117 ページ）でも説明したように、パスワードを12文字以上4種にすることで、総当たり攻撃により Administrator アカウントの認証を突破される可能性を下げることができます。

- **特権グループにユーザを追加して運用しない**

表 3.8 に記載したデフォルトで作成される特権グループに対して、Administrator 以外のアカウントを意図して所属させ、それを運用で使用することも避けましょう。

■ サービスやスケジュールタスクの実行に、特権アカウントを使用しない

筆者らの対応したインシデントの中で、サーバ上でドメイン管理者アカウントを使ってバックアップアプリケーションのサービスを動かしている企業に遭遇したことがあります。攻撃者は、権限の低いドメインユーザアカウントでサーバに侵入した後、ハッキングツールを使って当該サービスに使われているドメイン管理者アカウントを詐取していました。

このように、業務に必要なアプリケーションやスクリプトを、Windowsのサービスやスケジュールタスクに登録して運用する際、その実行に使用するアカウントも攻撃者にとっては格好の詐取対象となります。

もし特権アカウントを使ってこのようなサービスやスケジュールタスクを動かして運用している場合は、必要な権限を洗い出し、最低限の権限をもったアカウントで動作させるよう運用を見直すべきでしょう。

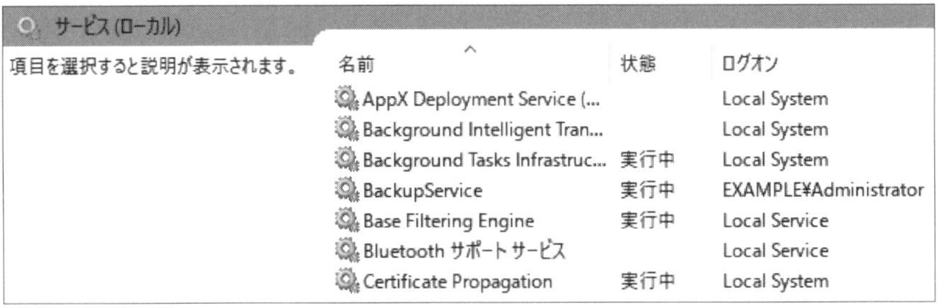

サービス (ローカル)			
項目を選択すると説明が表示されます。	名前	状態	ログオン
	AppX Deployment Service (...		Local System
	Background Intelligent Tran...		Local System
	Background Tasks Infrastruc...	実行中	Local System
	BackupService	実行中	EXAMPLE¥Administrator
	Base Filtering Engine	実行中	Local Service
	Bluetooth サポート サービス		Local Service
	Certificate Propagation	実行中	Local System

■図3.48 ドメイン管理者アカウントで動作させてしまったサービス

■ 特権アカウントに対して、委任トークンを生成しない設定を有効化する

Windowsのアクセス制御のしくみの1つにアクセストークンというものがあります。ユーザがWindows端末にログインすると、アクセストークンとよばれるオブジェクトが生成され、そこにはそのユーザ情報やそのユーザの持つ特権情報といったセキュリティコンテキストが格納されます。ユーザがシステムで何か操作をしようとすると、Windowsはアクセストークンに格納されている情報を参照して、当該操作が許可されるかどうかを判断します。

このアクセストークンも攻撃者の詐取対象となり得ます。例えば、攻撃者に侵入された端末に対して、それに気付いていないIT担当者が、メンテナンスのために管理者アカウントを用いてリモートログインを行ったとします。すると、当該端末上に管理者アカウントのアクセストークンが生成され、攻撃者はそれを詐取することで管理者権限に昇格することが可能になってしまいます。

アクセストークンにもいくつか種類があり、その中でも委任トークンと呼ばれるアクセストークンが詐取されてしまうと、当該端末だけではなく他の端末に対しても本トークンに紐づけられている権限で横展開することが可能になってしまいます。

このようなセキュリティリスクを回避するために、Windowsでは委任トークンを生成しないような設定が存在しています。本設定はデフォルトで無効化されているため、特権アカウントに関しては、これらの設定を有効化しておくことで、悪用されるリスクを下げることが可能になるでしょう。[26]

[実装方法例]

1. 「Active Directory ユーザーとコンピューター」を開き、対象のアカウントを右クリック > プロパティを選択します。
2. 「アカウント」タブを開き、下部の「アカウントオプション」から、「アカウントは重要なので委任できない」にチェックを入れます。
3. 最後に OK をクリックして設定は完了です。

■図3.49　委任トークンの生成を防止する設定

■ 特権アカウントによるログインを制限する

　そもそも特権アカウントによるログイン試行を制限してしまえば、攻撃者に認証情報を詐取されてしまったとしても悪用されるリスクを下げることが可能です。例えば、攻撃者の侵入した端末上でドメイン管理者アカウントが詐取されたとしても、特権アカウントによるログイン試行を制限していれば、攻撃者は本アカウントを使って他の端末へ横展開することができません。Microsoft社も特権アカウントのログイン制限を推奨しており、Windowsに標準で備わっている設定を有効化することで本対策が可能となります。運用で使用していない特権アカウントに関しては、積極的に本設定の有効化を検討すると良いでしょう。[27]

　具体的には、指定したアカウントに関して、表3.9の4種類のログイン試行をブロックすることが可能となります。

■表3.9　ブロック対象のログインタイプ

#	制限対象のログイン
A)	リモートデスクトップを使用したログイン試行
B)	ネットワークログイン試行
C)	サービスによるログイン試行
D)	バッチファイルによるログイン試行

　本書においては、とりわけ効果の高いものと思われる　#A)、B) について、それぞれの設定を有効化した際の効果とその設定方法について解説します。

A) リモートデスクトップを使用したログイン試行

　横展開のフェーズでも後述しますが、特権アカウントを詐取した攻撃者が横展開をする際、その手段の1つとしてリモートデスクトップがしばしば悪用されます。したがって、特権アカウントを使ったリモートデスクトップ通信の制御を有効化することは、攻撃者の活動を封じ込める点でも有効といえるでしょう。

[実装方法例]

1. グループポリシーエディタを開きます。
2. 「コンピュータの構成」>「Windowsの設定」>「セキュリティの設定」>「ローカルポリシー」>「ユーザー権利の割り当て」を開きます。
3. 「リモートデスクトップサービスを使ったログオンを拒否」をダブルクリックして開きます。
4. 「ユーザーまたはグループの追加」をクリックします。
5. リモートデスクトップサービスの使用を禁止したい特権アカウントを記入します（例：Administrators）。
6. 最後に「OK」を押下して設定を完了します。

■ 図3.50 指定したアカウントによるリモートデスクトップ通信を拒否する設定

B) ネットワークログイン試行

リモートデスクトップも含めて、それ以外の通信制御も行う場合は、「ネットワーク経由のアクセスを拒否」設定を有効化します。A)のリモートデスクトップと並んで、PsExecや管理共有、WMIを悪用した横展開手法も、実際の攻撃では非常によく使われるため、こちらに関しても特権アカウントを使った通信を制限することで、攻撃を封じ込める可能性が高くなります。

[実装方法例]

1. グループポリシーエディタを開きます。
2. 「コンピュータの構成」>「Windowsの設定」>「セキュリティの設定」>「ローカルポリシー」>「ユーザー権利の割り当て」を開きます
3. 「ネットワーク経由のアクセスを拒否」をダブルクリックして開きます。
4. 「ユーザーまたはグループの追加」をクリックします。
5. ネットワークアクセスを禁止したい特権アカウントを記入します。
   （例：Administrators）

6. 最後に「OK」を押下して設定を完了します。

■図3.51 指定したアカウントによるネットワークアクセスを拒否する設定

・ローカルアカウントの管理

　ドメインアカウントを堅牢にしたとしても、端末ごとに存在しているアカウントであるローカルアカウントの管理が脆弱なままだと、そこを足がかりに管理者権限を詐取され、侵害を広げられてしまうおそれがあります。

　2章でも紹介したものですが、次のような実際のインシデント事例がありました。その企業では、業務端末のセットアップ時に使用するローカル管理者アカウントに、すべて同一のユーザ名／パスワードを設定していました。そのパスワードも【企業名アルファベット＋数字1文字】のように非常に脆弱なものです。ひとたび攻撃者に侵入されると、簡単に本ローカル管理者アカウントを詐取され、同一パスワードを持つ環境内のあらゆる端末に横展開され、重篤な暗号化被害にあってしまいました。

このように、ローカルアカウントを足がかりに攻撃者が侵害行為を広げるケースは、実際のインシデントの事例でもよく遭遇します。したがって、ドメインアカウントだけではなく、ローカルアカウントに関しても簡単に詐取されないよう堅牢にしていくことが重要です。下記にそのための具体的な対策手法を記載しましたので、この中から自身の環境に足りないものをピックアップして実装していくと良いでしょう。

■表3.10 ローカルアカウントの堅牢化方針

概要
不要なローカル管理者アカウントの整理
ビルトインのローカル管理者アカウントの無効化
端末ごとにローカル管理者アカウントパスワードを変える
特権アカウントによるログインを制限する

■ 不要なローカル管理者アカウントの整理

自社環境の端末上に存在するローカル管理者アカウントを洗い出して、意図しないものや不要なものを取り除くことが本手順の目的となります。

ここで、何を以って「不要なアカウント」と判断するかですが、筆者らとしてはローカル管理者アカウントに関しては1つあれば十分であると考えています。したがって、後述する「ビルトインのローカル管理者アカウントの無効化」で作成するアカウント1つを残して、あとは削除あるいは無効化してしまって問題ないでしょう。

また、アカウントの整理を行う際、従業員が普段使用する標準ユーザアカウントをローカル管理者グループに所属させることは推奨しません。理由としては、攻撃者が環境に侵入してくるにあたって、入手のしやすい標準ユーザアカウントが悪用されるケースが多く、仮に当該アカウントがローカル管理者権限も有している場合は非常にリスクが高くなってしまうからです。

[実装方法例]

まずは、対象端末上でコマンドプロンプトを管理者権限で起動します。そして、下記コマンドを実行して、ローカル管理者グループに属するアカウント、すなわちローカル管理者アカウントを一覧化します。

```
net localgroup administrators
```

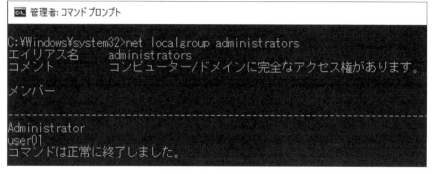

■**図3.52　コマンド実行結果**

この例だと、Administrator および user01 というアカウントが本端末のローカル管理者アカウントであることがわかります。

この中に、意図して管理者グループに入れていないアカウント、もしくは以前使用していたけれども現在は不要なアカウントなどが存在している場合には、当該アカウントの削除を行います。

具体的には、削除対象アカウントに対して次のコマンドを実行します（ここでは、上記の user01 というアカウントを削除しています）。

```
net user user01 /delete
```

■ビルトインのローカル管理者アカウントの無効化

Windows 端末には、デフォルトで Administrator という名のローカル管理者アカウントが存在しています。どの端末にも共通して存在している管理者アカウントであるがゆえに、攻撃者が外部から総当たり攻撃を仕掛けてくる際には狙われる可能性が高いアカウントです。したがって、本アカウントは無効化し、予測されづらい名称のローカル管理者アカウントを新たに作成することで、

攻撃が成功する確率を下げることができます。

[実装方法例]

まずは、予測されづらい名称のローカル管理者アカウントを作成します。対象端末上でコマンドプロンプトを管理者権限で起動し、下記コマンドを実行して新たにアカウントを作成し、ローカル管理者権限を付与します。

```
net user <アカウント名> <パスワード> /add
net localgroup administrators <アカウント名> /add
```

次に、ビルトインのローカル管理者アカウント（Administrator）を無効化します。同様に管理者権限でコマンドプロンプトを起動して、下記コマンドを実行します。

```
net user Administrator /active:no
```

正常に無効化できたかどうかを確認するには、次のコマンドを実行して、「アカウントの有効」が「No」になっていれば良いでしょう。

```
net user Administrator
```

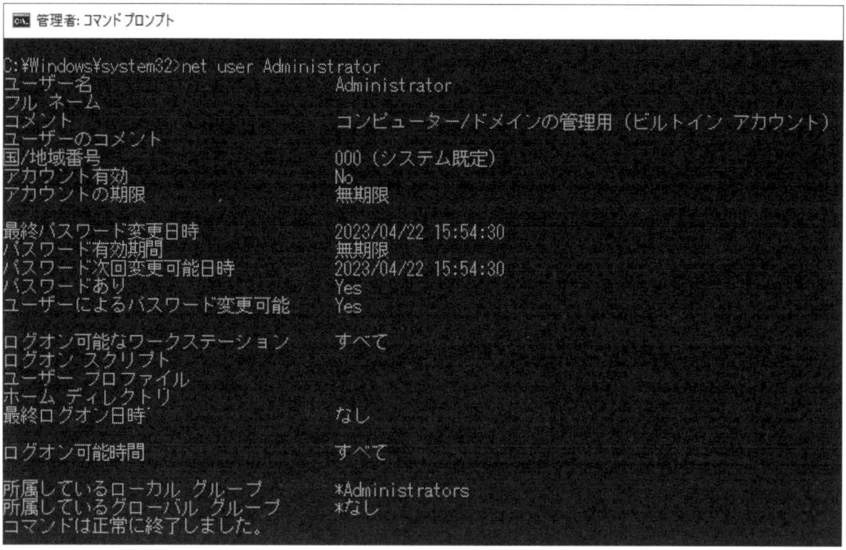

```
CMD 管理者: コマンド プロンプト

C:¥Windows¥system32>net user Administrator
ユーザー名                              Administrator
フル ネーム
コメント                                コンピューター/ドメインの管理用（ビルトイン アカウント）
ユーザーのコメント
国/地域番号                             000（システム既定）
アカウント有効                          No
アカウントの期限                        無期限

最終パスワード変更日時                  2023/04/22 15:54:30
パスワード有効期間                      無期限
パスワード次回変更可能日時              2023/04/22 15:54:30
パスワードあり                          Yes
ユーザーによるパスワード変更可能        Yes

ログオン可能なワークステーション        すべて
ログオン スクリプト
ユーザー プロファイル
ホーム ディレクトリ
最終ログオン日時                        なし

ログオン可能時間                        すべて

所属しているローカル グループ           *Administrators
所属しているグローバル グループ         *なし
コマンドは正常に終了しました。
```

■図3.53　アカウントが無効化された画面

■ 端末ごとにローカル管理者アカウントのパスワードを変える

先述したように、全端末でローカル管理者アカウントに同一のパスワードを使用している場合、1台の端末で当該アカウントが突破されてしまうと、その被害は全台に及んでしまいます。重大なセキュリティリスクにも関わらず、業務端末のセットアップ時においては共通のパスワードを使った方が管理が楽であるが故に、そのように運用している企業も多いのが実情です。

したがって、「ビルトインのローカル管理者アカウントの無効化」で案内した新規アカウント作成時においては、端末ごとに別々のパスワードを設定することを強く推奨します。

また、初期侵入の「パスワードの複雑化」（117ページ）でも先述したように、パスワードを12文字以上4種にすることで、総当たり攻撃によりアカウントを突破される可能性を下げることができます。

なお、Active Directory環境であれば、これらのローカル管理者アカウントのパスワード管理については LAPS:Local Administrator Password Solution を活用すると良いでしょう。本ツールを使うと、ドメインに所属する端末のローカル管理者アカウントパスワードの一括管理が可能になります。[28]

■ 特権アカウントによるログインを制限する

ローカル管理者アカウントに関しても、ドメイン管理者アカウントと同様に、悪用されやすい通信によるログイン試行は制限すると良いでしょう。具体的な実装手順に関しては、「ドメインアカウントの管理」の「特権アカウントによるログインを制限する」（158 ページ）に記載していますので、そちらをご参照ください。

3.2.5.2 Windows 追加機能の活用

Credential Guard の導入

第 2 章において、lsass プロセスが展開されているメモリ領域上には、ログイン中アカウントの認証情報がキャッシュされていて、Mimikatz 等のツールを使って詐取されてしまう可能性があると紹介しました。

Windows に備わっている Credential Guard 機能を有効化すると、当該認証情報が保持される領域が、仮想化技術を使って OS から切り離された領域に隔離されます。これにより、攻撃者は Credential Guard が有効化されている端末上で lsass のダンプを取ったり、あるいはメモリ領域を盗み見たとしても、そこには認証情報が存在していないため、認証情報の詐取を防ぐことが可能となります。

Credential Guard は Windows 10 から実装された機能であり、仮想化技術を使用するためハードウェア要件を満たす必要がありますが、認証詐取の攻撃に対して非常に高い効果を発揮するため、要件を満たしている場合は早急に有効化することを推奨します。[29]

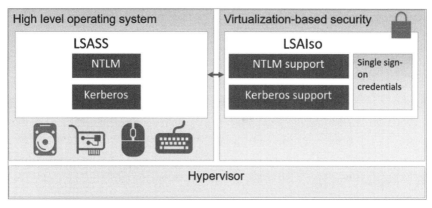

■図3.54 Credential Guardのイメージ図

・LSA 保護モードの導入

注）下記ケースに該当する場合は、効果のある領域が重複するため、本対策は必ずしも導入する必要はありません。

- Credential Guard 機能を有効化している場合

　LSA 保護モードとは、Windows8.1 および Windows Server 2012 R2 で導入された機能です。本機能を有効化すると、lsass プロセスに対する、Microsoftの署名がされていないプラグイン / コードの挿入を防止し、同プロセスが保持している認証情報の詐取を防ぐことが可能となります。

　したがって、例えばハッキングツールを使って lsass プロセスが動作するメモリ領域を盗み見ようとする挙動も、本機能が有効化されているとブロックできる可能性があります。

　ただし、タスクマネージャを悪用して lsass のダンプを作成する等、Mirosoftの署名がされている正規のツールを悪用する手法の場合は本機能では検知することはできません。したがって、あくまで対策の1つとして、他の手法と組み合わせて本機能を有効化すると良いでしょう。

[実装方法例]

1. コマンドプロンプトを管理者権限で立ち上げます。
2. 下記コマンドを実行します。

```
REG AÐÐ HKLM¥SYSTEM¥CurrentControlSet¥Control¥Lsa /v RunAsP
PL /t REG_ÐWORÐ /d 1
```

3. 端末を再起動します。

・制限付き管理モードの導入

注）下記ケースに該当する場合は、効果のある領域が重複するため、本対策は必ずしも導入する必要はありません。

- Credential Guard 機能を有効化している場合
- 特権アカウントを使ったリモートデスクトップを運用で使用しない場合

　他の端末に対してリモートデスクトップを使ってログインすると、ログインに使用した認証情報が、接続先の端末上にキャッシュされます。仮に IT 担当者が特権アカウントを使用して、リモートデスクトップにより他端末にログイン

167

していたとして、接続先端末が攻撃者によって侵害されると、キャッシュされている本特権アカウントが詐取されてしまう可能性があります。

一方、制限付き管理モードという、Windowsにデフォルトで備わっている機能を使うと、接続先端末に認証情報を残すことなくリモートデスクトップでログインすることが可能となります。したがって、接続先端末に攻撃者が侵入してきたとしても、特権アカウント情報が詐取されるリスクを下げることが可能となります。

なお、本機能は管理者権限を持つアカウントに対してのみ有効となります（それ以外のアカウントで本機能を使おうとすると、エラーが生じてそもそもリモートデスクトップ接続が失敗します）。したがって、どうしてもこのような特権アカウントを使ってリモートデスクトップ接続をする必要性がある場合に、本機能を使用すると良いでしょう。

本機能を使用した上でリモートデスクトップ接続を行うには、下記に記載している「実装方法例」に従って、設定を接続先端末上で有効化した上で、次のコマンドをコマンドプロンプト上で実行します。

```
mstsc /restrictedadmin
```

[実装方法例]
1. コマンドプロンプトを管理者権限で立ち上げます。
2. 下記コマンドを実行します。

```
REG ADD HKLM¥SYSTEM¥CurrentControlSet¥Control¥Lsa /v
DisableRestrictedAdmin /t REG_DWORD /d 0
```

3.2.5.3　認証情報の保存設定変更

・ネットワーク認証情報の保存制限

共有フォルダ等のネットワークリソースにアクセスする際、図3.55に示すようなサインイン画面で認証情報を保存するかどうか選択できるかと思います。ここで「資格情報を保存する」にチェックを入れると、資格情報マネージャと呼ばれるWindowsのアプリケーションに当該認証情報が保存されます。

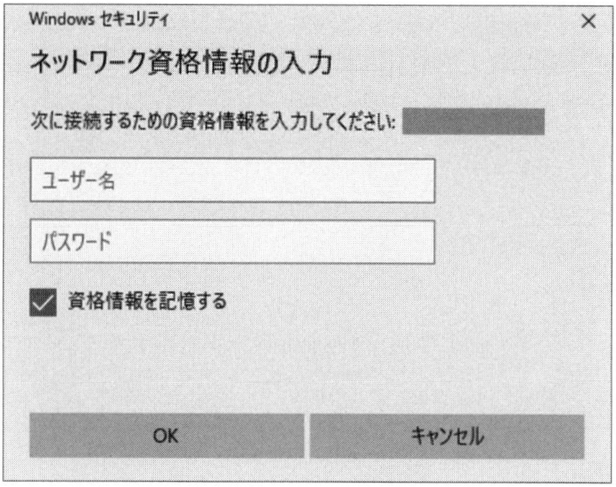

■図3.55 ネットワーク資格情報の入力画面

　資格マネージャに保存された認証情報も、攻撃者から狙われる情報の1つです。当該認証情報が詐取されることで、ネットワークリソース上のファイルを閲覧したり盗み取ったり、ランサムウェア感染に悪用されてしまう可能性があります。

　下記設定を有効化することで、このような認証情報が資格マネージャに保存されることを防ぐことが可能です。

[実装方法例]

1. 「コンピュータの構成」>「ポリシー」>「Windowsの設定」>「セキュリティの設定」>「セキュリティオプション」を開きます

2. 「ネットワーク アクセス：ネットワーク認証のためにパスワードおよび資格情報を保存することを許可しない」をダブルクリックして開きます。

3. 「有効」にチェックを入れて「OK」ボタンを押下します。

・キャッシュされるドメインアカウント数の制限

　第2章において、端末上にキャッシュされたドメインアカウントの認証情報も攻撃者による詐取の対象になると紹介しました。

　例えば、従業員の端末に不具合が生じた際、トラブルシューティングのためにIT担当者が特権アカウントで本従業員端末にログインしたとします。その後従業員が自身のアカウントで業務を行ったとしても、トラブルシューティングの際にキャッシュされた特権アカウント情報は端末上に残り続け、攻撃者に侵

入されると詐取される可能性があります。

このような事態を防ぐために、端末の設定を変更することでキャッシュされる認証情報の数を制限することが可能です。デフォルトは10アカウントまでキャッシュされる設定になっていますが、これを例えば1に変更すると、上記のシナリオの場合は、トラブルシューティング後に従業員が自身のアカウントでログインを行った時点で、キャッシュされていた特権アカウント情報が端末から消去されることになります。

[実装方法例]

1. コマンドプロンプトを管理者権限で立ち上げます。
2. 下記コマンドを実行します。

**・キャッシュされるアカウント数を1つに変更する例
（0～50アカウントまで設定可能）**

```
REG ADD "HKLM¥SOFTWARE¥Microsoft¥WindowsNT¥CurrentVersion¥Win
logon" /v CachedLogonsCount /t REG_SZ /d 1
```

■図3.56 キャッシュが残っていない状態でログインに失敗した画面

・ブラウザへの認証情報保存制限

　ブラウザを使って特定の Web サイトにユーザ ID とパスワードでログインした際、当該認証情報をブラウザに保存するかどうかポップアップが出ます。「保存する」を選択した場合、ブラウザ固有の領域に認証情報が暗号化されて保存されますが、攻撃者のツールを使うとこれらも簡単に詐取することができてしまいます。

　2章でも紹介したものですが、次のような実際のインシデント事例がありました。この被害企業では、とあるセキュリティ対策製品が導入されていて、管理者端末から当該製品の管理コンソールにユーザ ID とパスワードを用いてログインを行っていました。攻撃者は本環境に侵入した後、この管理者端末へと横展開を行い、ブラウザに保存されていた当該認証情報を詐取することに成功しました。ひとたびセキュリティ対策製品の管理コンソールに管理者アカウントでログインした攻撃者は、本環境に導入されていたセキュリティ対策製品のエージェントプログラムを正規の手順ですべてアンインストールし、不正プログラムの検知が行えない状態にした上で侵害行為を行いました。

　この事例からも分かるように、ブラウザに認証情報が保存されている場合、これが詐取されると攻撃に悪用されてしまう可能性があります。したがって、そもそもブラウザにこれらの情報を保存しないような設定を施すこと、また保存してしまっていた場合はその情報を削除することが重要です。

　設定方法はブラウザによって異なりますが、ここでは代表的なブラウザである Chrome と Firefox についてその設定方法を紹介します。

［実装方法例］

■ Chrome の場合

1. Chrome を開き、下記順番でパスワードマネージャーの画面に遷移します。
   設定 > 自動入力 > パスワード マネージャー
2. 「パスワードを保存できるようにする」をオフにします（図 3.57）。
3. 既に保存されているパスワードに関しては、当該エントリをクリックし、「削除」を押下することで削除を行います（図 3.58）。

   ※履歴の削除を行っても保存したパスワードが削除されることはないため、手動での削除を実施してください。

■図3.57 Google Chromeのパスワード自動保存機能を無効化した画面

■図3.58 Google Chromeに保存されたパスワードを削除する画面

■Firefoxの場合

1. Firefoxを開き、下記設定画面に遷移します。

   設定 > プライバシーとセキュリティ

2. ページ中部の"ログインとパスワード"箇所にある、「ウェブサイトのログイン情報とパスワードを保存する」のチェックボックスを外します。

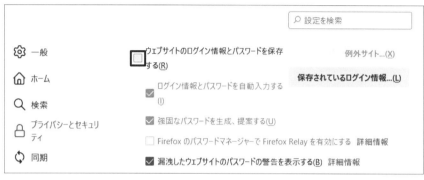

■図3.59　Firefoxのパスワード自動保存機能を無効化した画面

3. 既にパスワードが保存されているURLに関しては、手動で削除（消去）を行います。

■図3.60　Firefoxに保存されたパスワードを削除（消去）する画面

3.2.5.4 セキュリティ対策製品の活用

・パターン検出と挙動監視機能

認証情報の詐取や権限昇格を試みる挙動を、セキュリティ対策製品によって検知 / ブロックすることも非常に有効です。具体的には下記機能が特に有効です。

・パターンファイルによる検知

当該攻撃手法で必ずといってよいほど悪用される、Mimikatzをはじめとするハッキングツールは、あまりにも著名なため、大体どのセキュリティ対策製品でも検知が可能です。

このようなハッキングツールが使用された際に確実に検知ができるよう、自社環境で使用しているセキュリティ対策製品に、常に最新のパターンファイルが適用されるように設定すると良いでしょう。また、予約検索と呼ばれる全ドライブのスキャンが行われる検索方式のみではなく、リアルタイム検索も動作していることを確認しましょう。

筆者らが対応したインシデントの中で、パターンファイルが製品導入時から全く更新されていなかったため、本来はパターンファイル対応されていて検出できるはずだった不正プログラムがすり抜けてしまったケースや、リアルタイム検索を有効化していなかったために、攻撃者に侵入された当時不正プログラムが検出できていなかったケースがありました。

このような事態を防ぐためにも、使用中のセキュリティ対策製品の設定を今一度確認すると良いでしょう。

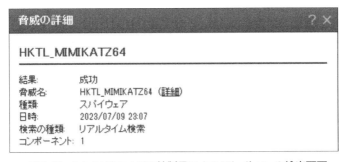

■図3.61　トレンドマイクロ社製品によるMimikatzの検出画面

• 挙動監視機能による検知

第2章（68ページ）で解説した、「正規ツールやコマンドを悪用する手法」が使われた場合は、パターンマッチングだけでは検出することはできません。パターンファイルは、一般的にウイルスやマルウェアと呼称される不正プログラムに対して作成されるものであるため、運用でも使われるような正規ツールや商用ツールはその検知対象外となるからです。

そこで、ファイル情報をベースとするパターンマッチングではなく、どのようなツールが使用されようが、不正な挙動そのものを検知 / ブロックするような機能を活用することで、このような脅威にも対応することが可能です。

トレンドマイクロ社製品の場合は、「挙動監視機能」がそれに該当しますが、他ベンダの製品でも同等の機能が実装されているものがあるため、こちらに関しても使用中のセキュリティ対策製品の設定を確認すると良いでしょう。

■**図3.62　タスクマネージャによるlsassのメモリダンプ作成検知画面**

column

 認証情報を記載したファイルの保管に注意

ここまで認証情報を攻撃者から守るさまざまな対策を取り上げてきましたが、最も基本的なこととして、パスワードを記載したテキストファイルを端末に保存しないよう注意しましょう。筆者らが対応した過去のインシデントで、端末に侵入した攻撃者が「password」や「credential」といった認証情報に関わる単語で端末内のファイルを検索していたことがありました。ここまで取り上げたような小難しい手法ではなく、攻撃者はこのような意外なやり方でも認証情報の詐取を行うことがあります。

3.2.6 内部探索

　攻撃者はターゲットへの侵入に成功した後、重要なサーバなどがどこにあるか、内部のネットワーク構成を探索します。当然攻撃者は手元にネットワーク構成図を持っているわけではないので、さまざまな正規のコマンド、ツールなどを駆使して内部資産を明らかにしていきます。表3.11はよく攻撃者に用いられるコマンドやスキャンツールの例です（他にも多数のツールやコマンドが観測されます）。

■表3.11　内部探索に用いられるツール例

目的	手段
端末情報の把握	dir、systeminfo
アカウントの把握	whoami、net user、net group
スキャンツールによる周辺環境把握	Advanced IP Scanner、nmap、ping

　例えば図3.63はコマンドプロンプトでwhoamiやsysteminfoを打った場合の画面となります。攻撃者はこういった情報からOSのバージョン、侵害した端末が特定ユーザのものなのかIT担当者のものなのかといったものを特定していきます。

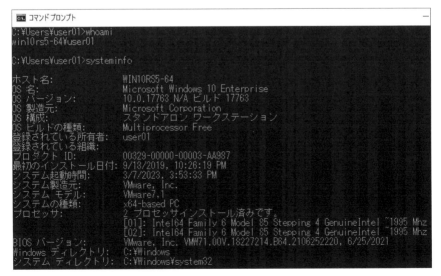

■図3.63　systeminfoの実行画面（コマンドプロンプト）

・セキュリティ対策製品の活用

これらの探索活動に対する対策は、大きく分けて以下の2つが考えられます。

3.2.6.1 　監査証跡ツールやEDRによる記録とアラート

正規コマンドについては基本的には制御が難しいため、ツールによる記録と監視を行う形が良いでしょう。監査証跡ツール（Skysea、Lanscope等）やEDR（Endpoint Detection & Response）と呼ばれるソフトウェアで、まずはこれらの正規コマンドが利用された記録を残すようにしつつ、定期的に不審なコマンド履歴がないか確認したり、アラートが送出されるようなしくみを構築できると良いでしょう。

3.2.6.2　セキュリティ対策製品/IDSによるツールの検知・駆除

スキャンツールの多くはセキュリティ対策製品がパターンファイルにて検知・駆除できたり、スキャン時に発生するネットワークトラフィックの特徴をUTMやファイアウォールが持つIDS機能などで検知できる可能性があります。もちろんすべてを確実に検知できるというわけではありませんが、正規コマンドの対策に比べると対策が行いやすいため、先に検討すると良いでしょう。セキュリティ対策製品によっては、不正プログラムを駆除する機能と、ハッキングツールを駆除する機能を分けていることも多いため、利用中のセキュリティ対策製品の機能を確認し、ハッキングツールを検知する機能が実装されているか、そしてその機能が有効になっているかを念のため確認してください。

3.2.7 横展開

環境に侵入した攻撃者は、高い権限をもつアカウントや機密情報を詐取するために、端末から端末へ横展開を繰り返して侵害範囲を広げていきます。逆に、横展開を防止して攻撃者を封じ込めることができれば、最初に侵入された端末以外に移動することができなくなり、被害範囲を限定することが可能となります。

第2章で記述したとおり、横展開の際に悪用される代表的な手段には主に下記4つがあります。したがって、横展開への対応策を考える上ではこれらをいかに防ぐか、という視点に立って対策を実装していきます。 なお、それぞれの対策の中には各サービスが動作するポートの制御が含まれていますが、これは性質上「初期侵入」で取り上げたものと重複する箇所がありますのでご注意ください。

■表3.12　代表的な横展開手段

#	手段
1	リモートデスクトップを悪用した他端末への横展開
2	PsExec を悪用した他端末への横展開
3	WMI を悪用した他端末への横展開
4	脆弱性を悪用した横展開

3.2.7.1 リモートデスクトップ通信の制御

まずはリモートデスクトップを悪用する通信の制御方法についてです。

代表的な対策をいくつか紹介しますが、どのように運用をしているかによって実施すべき対策が変化するため、下記フローチャートを参考にしながら、自身の環境で必要な対策を洗い出して検討ください。

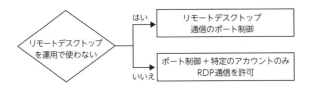

■図3.64　リモートデスクトップ悪用への対策のフローチャート

・リモートデスクトップ通信のポート制御

　リモートデスクトップを悪用して他端末へ横展開する挙動を制御する一番手っ取り早い手法は、通信で使用されるポートを閉じることでしょう。リモートデスクトップの場合、IT担当者が明示的に変更していないかぎり、デフォルトではポート番号3389/tcpが通信に使用されます。したがって、Windows Defenderファイアウォールやセキュリティ対策製品を活用して、ポート番号3389/tcpに対する受信方向の通信をブロックするルールを入れることで、本設定を投入した端末に対してリモートデスクトップで横展開する動きを防ぐことが可能です。リモートデスクトップのポート番号を3389/tcpから変更している場合は、変更後のポート番号をブロックするようにします。

　大抵のファイアウォールでは、当該端末から送信方向の通信をブロックするようなルールを設定することも可能ですが、ここでは受信方向の通信に対して制御するルールを設定することに注意してください。送信方向をブロックするルールのみを設定していると、攻撃者が端末に侵入して管理者権限を詐取した場合、当該端末のファイアウォールルールを変更 / 無効化してしまい、せっかく制御ルールを設定していても簡単に突破されてしまうおそれがあるからです。

　以下に、Windows Defenderファイアウォールを使って本ルールを設定する手順を紹介します。ここでは新規ルールを作成する手順を記載していますが、「初期侵入」の「ポート3389: リモートデスクトップの対策」では既存ルールを編集する手順を記載していますので、どちらか運用負荷の低い手順を選択ください。

[実装方法例]

1. Windows Defenderファイアウォールの設定画面を開き、左ペインの「受信の規則」を選択し、右ペインから「新しい規則」を押下します。
2. 「規則の種類」設定画面で、「ポート」を選択します。
3. 「プロトコルおよびポート」設定画面で、「TCP」にチェックを入れ、「特定のローカルポート」に「3389」と記入します。
4. 「操作」設定画面で、「接続をブロックする」にチェックを入れます。
5. 「プロファイル」設定画面で、該当するネットワークにチェックを入れます。
6. 「名前」設定画面には、「受信RDP通信のブロック」等の分かりやすい名前を入れ、「完了」を押下します。
7. リモートデスクトップ通信はUDPを使用する場合もあるので、手順3で「UDP」にチェックを入れたルールも別途作成します。

■図3.65　受信方向のRDP通信をブロックするルール

■図3.66　ルールの設定された端末へRDPを試みて失敗した画面

・特定のアカウントのみリモートデスクトップ通信を許可

　リモートデスクトップを日常の運用で使用している場合、当該ポートをブロックしてしまうと運用影響が生じてしまいます。その場合は、下記いずれかの手法で影響を回避してください。

- リモートデスクトップを使用するセグメントが限られている場合は、本領域以外の端末に対してファイアウォールルールを設定する。
- リモートデスクトップを使用する操作元端末が限られている場合（例：IT担当者端末）は、本端末からのみ通信を許可し、それ以外からの通信はブロックするようなルールを設定する。

　これに加えて、運用の都合上制限を加えることのできないセグメントや経路に対しては、リモートデスクトップを使用できるアカウントを制限することでさらにリスクを減らすことを検討します。

　具体的には、「認証詐取／権限昇格」で記載したとおり、特権アカウントによるリモートデスクトップは拒否しつつ、決められたユーザもしくはグループ（例：Remote Desktop Usersグループ）のみにその権限を付与すると良いでしょ

う。これにより、許可されていないアカウントを使ったリモートデスクトップによるログインが発生した場合、それを拒否することが可能になります。

[実装方法例]

1. グループポリシーエディタを開きます。
2. 「コンピュータの構成」>「Windowsの設定」>「セキュリティの設定」>「ローカルポリシー」>「ユーザー権利の割り当て」を開きます
3. 「リモートデスクトップサービスを使ったログオンを許可」をダブルクリックして開きます。
4. 「ユーザーまたはグループの追加」をクリックします。
5. リモートデスクトップでのログオンを許可するアカウントあるいはグループを記入します（例：Remote Desktop Users）
6. 最後に「OK」を押下して設定を完了します。

■図3.67　許可されていないアカウントによるRDPログインを拒否した画面

3.2.7.2 **PsExec 通信の制御**

次に PsExec を悪用する通信の制御方法についてです。

こちらに関しても下記フローチャートを参考にしながら、自身の環境で必要な対策を洗い出して検討ください。

■ **図3.68　PsExec悪用への対策のフローチャート**

・SMB 通信のポート制御

SMB とは、Windows においてファイルやプリンタの共有などに使われるプロトコルのことで、例えばファイルサーバ上の共有フォルダに業務用のファイルを保存する際等に使用されます。また、PsExec でリモートの端末を操作する際、後述する管理共有という機能経由でやり取りが行われるため、SMB で使用するポートが通信に使用されます。したがって、SMB 通信で使用されるポートをブロックすることは、ネットワーク共有や PsExec を悪用した横展開も防ぐことが可能となるので非常に有効と言えます。

ポート番号としては、SMB 通信に TCP/IP を使用する場合は445/tcp が、NetBIOS over TCP/IP を使用する場合は137/tcp、138/tcp、139/tcp が使用されます。NetBIOS over TCP/IP 経由の SMB 通信は、いわゆるレガシーな OS で使用されていたプロトコルですが、さまざまなバージョンの OS が混在する環境の場合は本プロトコル使用されている可能性もあるので、念のためブロックの対象に入れたほうが良いでしょう。

ただし、ファイルサーバやドメインコントローラといった SMB サービスをホストしている端末に対して、受信方向の SMB 通信をブロックするルールを入れてしまうと、当該サービスを利用できなくなる等の運用影響が発生してしまう可能性があるため、本ルールを投入する際はこれらの SMB ホストは対象外とすることを推奨します。

次に、Windows Defender ファイアウォールを使って本ルールを設定する手順を紹介します。

[実装方法例]

1. Windows Defender ファイアウォールの設定画面を開き、左ペインの「受信の規則」を選択し、右ペインから「新しい規則」を押下します。
2. 「規則の種類」設定画面で、「ポート」を選択します。
3. 「プロトコルおよびポート」設定画面で、「TCP」にチェックを入れ、「特定のローカルポート」に「139,445」と記入します。※
4. 「操作」設定画面で、「接続をブロックする」にチェックを入れます。
5. 「プロファイル」設定画面で、該当するネットワークにチェックを入れます。
6. 「名前」設定画面には、「受信 SMB 通信のブロック」等の分かりやすい名前を入れ、「完了」を押下します。

> ※ 137/tcp と 138/tcp も NetBIOS 通信には使用されますが、ファイル共有で使用されるポートは 139/tcp のみなので、本ポートのみを対象としています。

■図3.69　受信方向のSMB通信をブロックするルール

■図3.70　ルールの設定された端末へPsExecを試みて失敗した画面

・管理共有の無効化

　管理共有とは、Windows 端末にデフォルトで備わっているネットワーク共有で、当該端末の管理者権限を持つユーザであれば、遠隔から本領域にアクセスすることが可能となる機能です。通常、共有フォルダはエクスプローラのマイネットワーク画面に表示されますが、管理共有は表示されないことから隠し

共有とも呼ばれています。

■ 図3.71　管理共有領域の一覧

　先述したとおり、PsExecの通信はこの管理共有経由でやり取りされます。したがって、管理共有を無効化することで、PsExecや管理共有を悪用した横展開を防止することが可能となります。運用で管理共有を使用していない場合は、積極的に本機能を無効化することを検討すると良いでしょう。

[実装方法例]
1. コマンドプロンプトを管理者権限で立ち上げます。
2. 下記コマンドを実行します。

[Windows クライアント OSに対して実行する場合]

```
> REG ADD HKLM¥SYSTEM¥CurrentControlSet¥Services¥Lanmanserver¥parameters /v AutoShareWks /t REG_DWORD /d 0
```

[Windows サーバ OSに対して実行する場合]

```
> REG ADD HKLM¥SYSTEM¥CurrentControlSet¥Services¥Lanmanserver¥parameters /v AutoShareServer /t REG_DWORD /d 0
```

3. OSを再起動します。

・UACの有効化

UAC（User Access Control）とは、Windowsにおいて、管理者権限でのアプリケーションの実行を制限する機能です。具体的には、標準ユーザアカウントでログインした後に、例えばコマンドプロンプトを「管理者として実行する」のように、管理者権限を必要とする操作を実行しようとすると、資格情報の入力を求めるボックスがデスクトップ上に表示されます。

■図3.72 UACによる資格情報を求めるボックス

標準ユーザではなく管理者アカウントでログインした場合でもUACは適用されます。管理者アカウントでログインした後に、同様に管理者権限を必要とする操作を実行しようとすると、今度は管理者権限で実行することに同意を求めるボックスがデスクトップ上に表示されます。

■図3.73　UACによる同意を求めるボックス

　UACが有効だと、攻撃者が遠隔の端末に対して管理者権限で操作をしようとする挙動をブロックすることが可能になります。例えば、攻撃者が管理者アカウントの認証情報を詐取した後、当該アカウントを使ってPsExecにより遠隔の端末に対して何かコマンドを実行するとします。すると、PsExecは管理共有を使用して通信することから管理者権限での実行を前提とするため、遠隔の端末上でUACが起動します。しかし、攻撃者は遠隔端末のデスクトップ上に表示される同意を求めるボックスを操作することができないため、本操作に失敗します。

　このように、UACは攻撃者が端末を管理者権限で遠隔操作しようとする挙動に対して有効であるため、本機能を無効化して運用している場合は、有効化を検討すると良いでしょう。

　ただし、UACは万能ではなく、次のポイントについては留意しておく必要があります。

- PsExecのようなツールを悪用する遠隔操作に対しては有効ですが、攻撃者がリモートデスクトップを用いて管理者アカウントで遠隔の端末にログインする場合、UACが起動しても攻撃者はポップアップ表示された同意を求めるボックスをクリックすることができてしまうため、効果が発揮できません。
- UACは、ビルトインのローカル管理者アカウントと、ローカル管理者グループに所属するDomain Userの2つに対しては適用されません。これらのア

カウントに関しては、「認証詐取/権限昇格」の節で説明したように、アカウント自体を無効化するか、次に述べるように特権アカウントを指定してSMB通信を拒否する必要があります。

・特権アカウントによるSMB通信の拒否

リモートデスクトップと異なり、SMB通信に関してはさまざまなユーザが使用する通信のため、特定のユーザやグループに対してSMB通信を許可する設定を実装することは現実的ではありません。そのため、SMB通信に関しては、悪用されると危険な特権アカウントに対して拒否設定を入れると良いでしょう。

こちらに関しても、グループポリシーを使用して拒否設定を投入します。

[実装方法例]

1. グループポリシーエディターを開きます。
2. 「コンピュータの構成」>「Windowsの設定」>「セキュリティの設定」>「ローカルポリシー」>「ユーザー権利の割り当て」を開きます
3. 「ネットワーク経由のアクセスを拒否」をダブルクリックして開きます。
4. 「ユーザーまたはグループの追加」をクリックします。
5. ネットワークアクセスを禁止したい特権アカウントを記入します。
（例:Administrators）
6. 最後に「OK」を押下して設定を完了します。

■**図3.74　拒否対象アカウントによるPsExec通信が拒否された画面**

・PsExecの実行制御

PsExecを運用で使用することがないならば、そもそもPsExec自体の実行を端末上で制御する考え方も有効です。PC-AからPC-Bに対してPsExecを使って遠隔操作を行うと、実行元であるPC-A上ではPsExec.exeが、遠隔操作先であるPC-B上ではPSEXESVC.exeが起動します。

したがって、これらの実行ファイルの起動を検知かつブロックするような設

定を入れてしまえば、PsExecを悪用した横展開を封じることが可能となります。設定方法については、「コールバック」で取り上げた AppLockerや、あるいはセキュリティ対策製品側の同等の機能で実装すると良いでしょう。

　実行制御の設定を入れる場合は、受信側で起動する PSEXESVC.exe も登録することを忘れないようにしてください。実行元で起動する PsExec.exe は簡単にファイル名を変更できてしまうため、ファイル名で起動を検知する設定にしている場合は簡単にすり抜けられてしまいます。一方で、受信側で起動するPSEXESVC.exeについては簡単にはプロセス名は変更できないため、本ファイルも起動制御を設定している場合、たとえ実行元で PsExec.exe のファイル名を変更したとしても、受信側で制御することが可能になります。

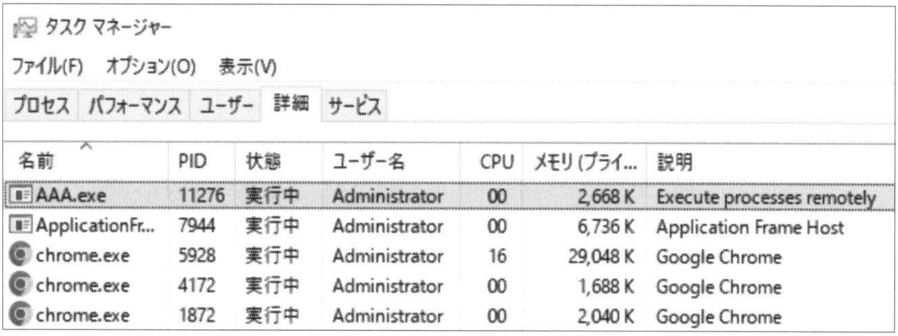

■図3.75　PSEXEC.exeをAAA.exeに変更して実行した際のプロセス

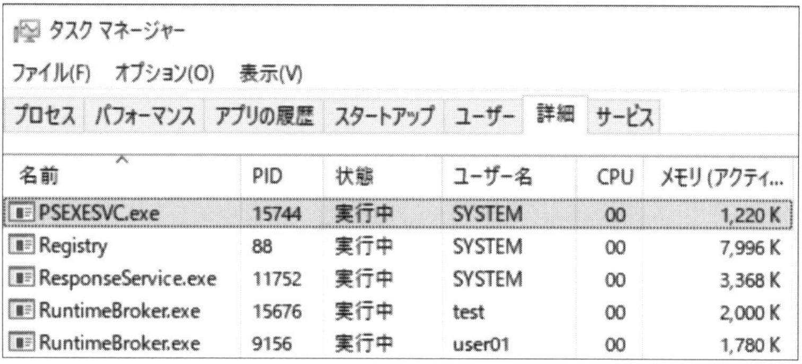

■図3.76　受信側で起動したPSEXESVC.exeのプロセス

3.2.7.3 WMI通信の制御

WMIを悪用する通信の制御方法についてです。

こちらに関しても下記フローチャートを参考にしながら、自身の環境で必要な対策を洗い出して検討ください。

■ **図3.77　WMI悪用への対策のフローチャート**

・WMI通信のポート制御

WMIを悪用した横展開に関しては、これまで説明したリモートデスクトップやSMB通信と同様、特定のポートを閉じることでブロックすることが可能です。WMI通信は135/tcpを使用します。したがって、このポートに対する通信を受信拒否するようなファイアウォールルールを設定すれば、本攻撃をブロックすることが可能となります。

しかし、135/tcpに関しては、Windowsのさまざまなサービスが使用しているため、本ポートを閉じることで運用に影響が生じる可能性があります。例えば、クライアント端末であればOutlookを使ってExchange Serverと接続するのに本ポートを使用していますし、サーバ端末であればActive Directoryが使用しています。

したがって、135/tcpポートを閉じるにあたっては、それによる運用影響を洗い出した後に実施する必要があります。

・特権アカウントによるWMI通信の拒否

135/tcpポートの閉塞よりも現実的かつ効果的な対策はこちらになるでしょう。リモートデスクトップやSMBの対策と同様に、グループポリシーを用いて、特定のアカウントを使ったWMI通信を拒否することで本攻撃をブロックする考え方です。そもそもWMIを実行するためには、Administratorsグループに所属しているアカウントを使用する必要があります。したがって、当該特権アカウントを指定してWMI通信を拒否することで、本通信を悪用した攻撃を封じることが可能となります。

こちらに関してもグループポリシーを使用して制御していきますが、制御対象はSMBの時と同様に「ネットワーク経由のアクセスを拒否」を使用します。

[実装方法例]

1. グループポリシーエディターを開きます。
2. 「コンピュータの構成」>「Windowsの設定」>「セキュリティの設定」>「ローカルポリシー」>「ユーザー権利の割り当て」を開きます
3. 「ネットワーク経由のアクセスを拒否」をダブルクリックして開きます。
4. 「ユーザーまたはグループの追加」をクリックします。
5. ネットワークアクセスを禁止したい特権アカウントを記入します。
   （例 : Administrators）
6. 最後に「OK」を押下して設定を完了します。

■ 図3.78 「ネットワーク経由のアクセスを拒否」の設定画面

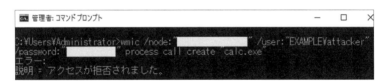

■ 図3.79 WMI通信が拒否された際の攻撃者側の画面

・WMICの実行制御

PsExecの時と同様に、WMIC コマンドで遠隔操作を行う際に起動される
実行ファイルを制御することで、本手法による横展開を封じることが可能で
す。WMI 通信の場合は、実行元端末では WMIC.exe が、遠隔操作先端末では
WmiPrvSE.exe が起動されます。これらを実行制御するように、AppLocker
またはセキュリティ対策製品で設定を行います。

ただし、WMIは Windows システムで使用されている可能性のあるプログラ
ムのため、十分検証した上で運用影響のない端末上においてプログラム実行制
御を実装すると良いでしょう。

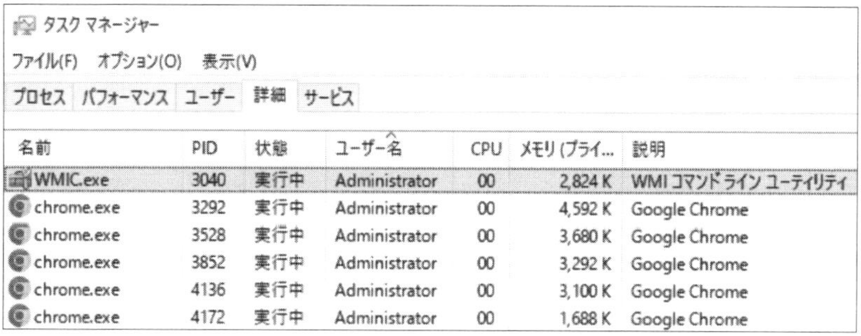

■図3.80　WMIの実行元端末で起動するプロセス

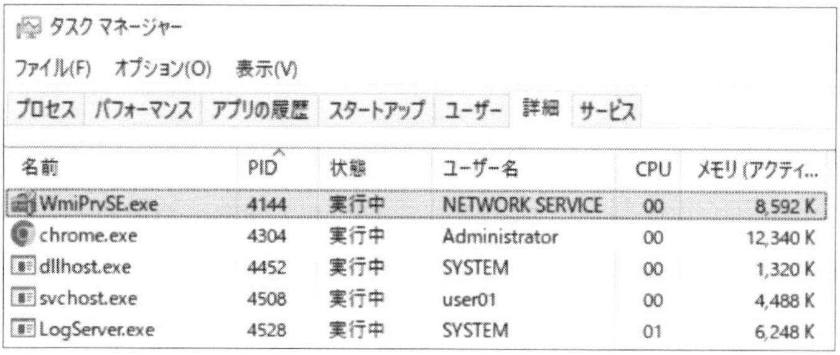

■図3.81　WMIの遠隔操作先端末で起動するプロセス

3.2.7.4　脆弱性対策

・パッチの適用

脆弱性に対する防御策に関しては、「最新のパッチを適用すること」に尽きま
す。ただし、一口に脆弱性といっても膨大な数が存在するため、重要なものに絞っ
て優先的に対応していくことにまず注力するべきです。第 2 章で述べたとおり、

横展開にてしばしば悪用される脆弱性としては下記を筆者らは観測しています。これらは3年以上も前の脆弱性のため、まずはこれより前に導入した機器がないかどうかを調べるところから始めると良いでしょう。そのような機器が存在しない場合は、自動アップデートが設定されているかどうかを確認する等の手順が考えられます。

■ 表3.13　横展開で悪用が確認された脆弱性例

脆弱性	概要
CVE-2017-0143	SMBの脆弱性を突いて、遠隔の端末に対して任意のコードを実行する
CVE-2017-0144	
CVE-2017-0145	
CVE-2017-0146	
CVE-2017-0147	
CVE-2017-0148	
CVE-2020-1472	ドメインコントローラーに対して不正な通信を行い、ドメイン管理者権限に昇格する

3.2.7.5　セキュリティ対策製品の活用

・ネットワーク通信の監視

　パッチの適用が何らかの理由で難しい場合は、IPS製品あるいはIDS製品を用いるのも1つの手段です。これらの製品は脆弱性を突く攻撃を検出することが可能なため、取り急ぎはこういった製品で当該攻撃に対応しつつ、重篤な脆弱性に対応するパッチがリリースされた場合は並行してパッチ適用の検証を進め、準備ができた段階で当該パッチを適用するといった運用方法が考えられます。

　また、こういったIPS/IDS製品には、脆弱性を突く攻撃だけではなくて、これまで解説したリモートデスクトップ、PsExec、WMIによる横展開通信を検知可能なルールも保持している場合があるため、横展開で悪用される手法を幅広くカバーすることが可能です。

　IPS/IDS製品にもネットワーク型とホスト型があるため、それぞれの特性に合わせて実装をしていくと良いでしょう。ホスト型IPS/IDS製品の場合は、対象の端末すべてに対してインストールする必要がありますが、大抵の製品であればIPS/IDS以外の機能（アンチウイルス等）も並行して使用できるため、エ

ンドポイント対策を実装していく上で本機能も一緒に検討すると良いでしょう。

　ネットワーク型 IPS/IDS 製品の場合は、各端末にインストールしなくてよいため導入の負荷は下がりますが、ネットワーク構成によっては監視できるポイントやできないポイントがでてきたり、環境全体のパフォーマンスに多少の影響が発生する可能性も考慮するべきです。

3.2.8　データ持ち出し

　昨今のランサムウェアを悪用する攻撃者は、サーバ等を暗号化する前にデータの持ち出しを行うことが多いです。前提として、データの持ち出しは攻撃者が用意した正規のクラウドストレージサービスに対して行われることが多いため、先述の「3.2.2.4 Web 対策」に記載している不正通信先の制御では防ぐことができません。以下より、考えられる対策を記載します。

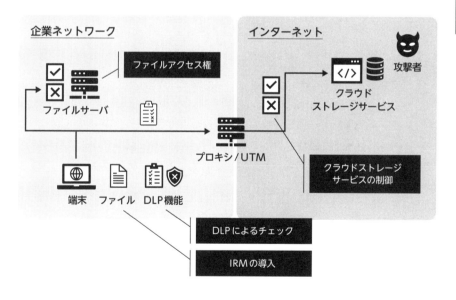

■図3.82　データ持ち出し対策 全体像

3.2.8.1 セキュリティ対策製品の活用

・DLP 機能の活用

DLPとはData Loss Preventionの略で、例えばクレジットカード、マイナンバー、電話番号などのパターンをポリシーとして事前設定しておけば、それらの情報が大量に記載されたファイルが外部に送信されようとした際に送信をブロックしたりアラートを出したりしてくれる機能です。Windowsの標準機能では実施が難しいため、専用のソフトウェアを導入するか、導入済みのセキュリティ対策製品のオプションとして提供されているものを追加導入する形になります。

なお、基本的には、通信がhttpsで暗号化されている場合や、攻撃者が持ち出そうとしたファイルがパスワード圧縮されている場合にはこの機能では制御を行うことができません。そのため、DLPを実施すれば完全にデータ持ち出しが防げるかというとそうではありませんので、他の対策も合わせて実施するのが良いと考えます。また、従業員のミスによる漏洩防止や内部不正対策にもなるため、全般的なセキュリティ対策という意味も含めれば検討に値する対策であると考えます。

・IRM 機能の活用

仮に情報漏洩の被害にあってしまった場合に備えた対策として、IRM機能も有効です。IRMとは、Information Rights Managementの略で、業務で使用する文書ファイルを暗号化し、編集や閲覧等の権限管理を可能とする機能です。IRMによって暗号化が施されたファイルへアクセスする際、アクセス元の認証や権限ポリシーの確認を管理サーバが行い、許可された場合のみ当該アクセスを許可するソリューションとなります。本機能を活用すると、重要な顧客情報が記載されたファイルの閲覧権限を例えば社内の特定の部署のみに付与しておくことで、当該ファイルが攻撃者によって持ち出されたとしても、ファイルが開かれることを防ぐことが可能となります。

3.2.8.2 アクセス権の管理

・ファイルアクセス権限の整理

効率的に仕事を行うために、ファイルサーバを設置して全従業員がファイルを共有できるようにしている企業が多いと思います。例えば、攻撃者がある1台の端末に侵入した際、端末にマウントされているドライブや過去の閲覧履歴

などからファイルサーバを特定し、ファイルサーバ上のすべてのファイルが閲覧できてしまうと、たった1台に侵入されただけで多大な被害に繋がってしまいます。データの持ち出しの観点ももちろんですが、この後説明する「ランサムウェアによる暗号化」の際にもすべてのファイルサーバ上のデータが暗号化されてしまう可能性があります。そのため、ファイルサーバのファイルへのアクセス権限について、部署やユーザが所属するグループごとに閲覧可能なフォルダ（書き込み可能なフォルダ）とそうでないフォルダ（読み取りのみ可能なフォルダ、閲覧自体できないフォルダ）をしっかり整理・制限するのが良いでしょう。表3.14は従業員の所属とフォルダの制御をイメージした表となります。

■表3.14　ファイルアクセスの制御例

部門	全社員フォルダ	営業フォルダ	技術フォルダ
全社員	書き込み可	-	-
営業	書き込み可	書き込み可	読み取り
技術	書き込み可	読み取り	書き込み可
管理部門	書き込み可	読み取り	読み取り

3.2.8.3　外部通信の制御

・クラウドストレージサービスの閲覧制限

　攻撃者はデータを持ち出す際に正規のクラウドストレージサービスを使用することがありますので、全社的に業務上許可しているクラウドストレージサービス以外については制限を行っておくと良いでしょう。ただし、顧客とのやり取りを行う部門などは、取引先が利用しているクラウドサービスから資料をダウンロードする必要があることなども想定されますので、例えば特定のクラウドストレージサービスはダウンロードのみ可、アップロードは不可といった細かい制御が行えるセキュリティ対策製品を導入すると良いでしょう。以下は代表的なクラウドストレージサービスの例となります。著名なWebセキュリティ対策製品であればこういったサービスの閲覧制限を行うフィルタリング機能が備わっていますので、製品の管理画面から許可するサービスとそうでないサービスを選択していくことで制御が可能です。

- Google Drive

- One Drive
- Dropbox
- Box
- MEGA

3.2.9 ランサムウェアによる暗号化

ここまでサイバー攻撃者の攻撃ステップに沿って説明をしていますので、この段階に来る前段階までに攻撃に気付いて攻撃のチェーンを遮断できていることが望ましいのですが、どこまで手を尽くしても気付きようのない裏口（自社管理でない委託業者の SSL-VPN など）から侵入されてしまうことなども想定はできるため、ここではランサムウェアが攻撃ステップの最後に行う「暗号化」に対してできることについて簡単に整理します。

3.2.9.1 セキュリティ対策製品の活用

・セキュリティ対策製品による検知（パターンファイル、機械学習、挙動検知）

ランサムウェアそのものを、エンドポイント型セキュリティ製品で駆除できてしまえば当然暗号化は行われませんので、新種のランサムウェアを検知・駆除できる機能を有効にして「最後の砦」を築きましょう。

エンドポイント型セキュリティ対策製品には、厳密に言えばパターンマッチング型以外にも、機械学習型、挙動検知型など、不正プログラムの特徴や挙動などから不正プログラムを検出する技術が搭載されていることが多いです。場合によっては、ファイルの検知だけでなく端末からの不正通信の制御が実装されていることなどもあります。自社で利用しているセキュリティ対策製品にどういった機能が実装され有効化されているか、また無償で追加できる機能や、お金を少し払えば追加できる機能がないかも今一度確認しておくと良いでしょう。

対ランサムウェアという意味では、筆者らの経験上「機械学習型検索」機能でランサムウェアが駆除可能であったケースが非常に多く、もし皆様が利用されているセキュリティ対策製品にそういった機能が搭載されている場合には是非有効化していただくことを推奨します。

また、ランサムウェアが大量のファイルを暗号化する挙動を検知し、書き換

え元のプロセス停止を試みる、といった「挙動監視」機能を有している場合があります。利用中のセキュリティ対策製品にこの機能が存在するかを確認し、存在する場合には機能の有効化を検討すると良いでしょう。図3.83はトレンドマイクロ社のウイルスバスタークラウドのランサムウェア対策機能により、大量のファイル書き換えを行ったプロセスを停止した際の画面イメージとなります。

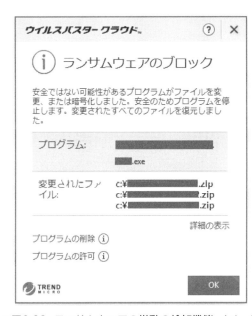

■図3.83 ランサムウェアの挙動の検知機能 イメージ

なお、実際に法人で発生したインシデント事例の内、機械学習検索や挙動監視機能を有効にしていれば90%のインシデント被害を防げた可能性があるといった統計データもありますので、是非既存のセキュリティ対策製品を最大限に活用しましょう。[31]

参考までに、エンドポイント型セキュリティ製品における検出技術を以下に整理します。

・エンドポイント型セキュリティ対策製品（EPP）の主な検出機能やその特徴

- パターンマッチング型
  - パターンと検出対象の不正プログラムが1対1の検出機能

- 1つのパターンで複数の検体を検出する機能を有していることもある（特徴的な共通点を持つ検体など）

- 機械学習型
  - 不正プログラムの特徴を学習させたモデルを使い検出を行う機能
  - 製品によってはパターンマッチング型機能に機械学習型が含まれているケースもある

- 挙動監視型
  - 不正プログラムがよく行う挙動に対しての検知機能
  - 不正な可能性の高い挙動を検知する機能と、正規プログラムでも行われる自動起動レジストリへの追記、スタートアップへの追加などの不審イベントを検知する機能が含まれる

- 不正通信検知
  - セキュリティベンダが持つ不正な URL のデータベースにマッチするかを検出する機能
  - 通信の特徴（ヘッダや URL、接続先 IP アドレス、プロトコル）を元にルールに基づく検知を行えることもある

3.2.9.2 セキュリティ対策製品の管理

・セキュリティ管理サーバの SaaS・クラウド化

　筆者らがランサムウェアに感染してしまった企業のインシデント対応を支援する際によくあるのが、セキュリティ対策製品の設定やログを集約している管理サーバごとランサムウェアに暗号化されてしまい、組織の大事な情報だけでなくセキュリティ機能を最新にしたり、影響範囲を確認するために検知ログを見るといったこともできなくなってしまうケースです。もちろん管理サーバを再構築すればよいのですが、慌ただしい状況の中で再構築を行うこと自体の工数はもちろんのこと、サーバ・クライアント方式で動作しているため、サーバ側のみを急に再構築すると登録データの不整合や設定の上書きが発生して正しく動作せず、エージェント側プログラムの再インストールが必要になる場合があります。こういった際、もし事前にセキュリティ対策製品の管理サーバがSaaSやクラウド上、つまり企業のネットワーク内ではない場所にあれば、ラン

サムウェアに感染してしまった場合もセキュリティ機能を維持もしくは早期に復旧することが可能です。

なお、セキュリティ管理サーバを SaaS 移行するメリットは他にも以下のようなものがありますので、暗号化防止以外の観点も踏まえ、移行を検討すると良いでしょう。

- セキュリティ管理サーバが常に最新の状態になるため、新機能がいち早く提供される
- セキュリティ管理サーバへの脆弱性パッチ適用が不要
- 業務端末を社外に持ち運んだ場合であっても設定値やパターンファイルの配信や検知ログの集約が行える

3.2.9.3 バックアップ運用

「3.2.1 ルール」に沿ったデータのバックアップ

ランサムウェアにデータが暗号化された場合、基本的には多額の身代金の要求に応じるケースは稀です。そのため多くの場合、暗号化されたデータはバックアップから復元することになりますが、ランサムウェアはネットワーク上のマウントされたドライブや、ボリュームシャドウコピーなどのバックアップ領域も含めて暗号化を試みるケースがほとんどです。そのため、3.2.1 ルールと呼ばれるルールに沿ってバックアップを取得しておくことが重要です。

> **3.2.1 ルール：**3 つのバックアップ用コピーを異なる 2 つのメディアに作成し、その 1 つは物理的に離れた場所に保存すること

表にすると以下のようなイメージになります。

■表3.15　3.2.1ルールに沿ったバックアップ

データ	保存媒体	保存場所
コピー1	ハードディスク	遠隔地（クラウド）
コピー2	ハードディスク	-
コピー3	テープ	-

言うは易しというようなルールなのですが、ランサムウェア対策に限らず災害時の復旧や業務継続といった意味でもバックアップ運用自体は重要であるた

め、大変ではありますが検討に値すると考えます。ことランサムウェア対策において
は、最後の「1つは物理的に離れた場所に保存」が重要になると考えます。
以前ですとテープバックアップを取得してトラックで物理的に離れた場所にあ
る倉庫に配送して保管しておくといった方法が主流でしたが、昨今ではクラウ
ドサービスへのバックアップなども存在します。クラウド上であれば、一見す
ればインターネットでつながっているので「物理的に離れた」というイメージが
湧きづらい方もいらっしゃるかもしれませんが、保存先として海外のデータセ
ンターなどを選択すれば物理的に離れた状態を作ることが可能です。ランサム
ウェアは「感染端末にマウントされたドライブ」や「感染端末が過去にアクセス
したネットワーク上のファイルパス」などをヒントに暗号化を行いますが、基
本的にクラウドバックアップであれば端末にマウントはされていませんし、企
業内のネットワーク環境とはまた異なるID・パスワードによる認証が求められ
た後にhttps通信でデータが送信される形になるため、ランサムウェアにより
バックアップを暗号化されてしまうリスクを最小限にできます。

3.3　被害事例から考える対策

　第2章の最後で、実際に筆者らが遭遇したインシデント事例を2つ紹介しました。ここでは、再度同様の2つの事例を用いて、再発防止の観点から短期および中長期で実装していくべき対策を取り上げて解説していきます。ここまでに記載してきたセキュリティ対策が実際のインシデントのどこで効いてくるのか、具体的なイメージを持ってもらうことが狙いです。

3.3.1　事例1

　改めて、本事例で使用された攻撃手法を整理すると次のようになります（詳細な攻撃の過程を振り返りたい場合は第2章をご参照ください）。観測されたこれらの手法に対する対策案を、短期/中長期のスパンで考えていきます。

■ 表3.16　事例1の攻撃ステップ

#	ステップ	攻撃の詳細
1	初期侵入	SSL-VPN製品の脆弱性を突いて詐取したアカウントを悪用
2	検出回避	正規のドライバを悪用してセキュリティ対策製品を無効化
3	認証詐取/権限昇格	Mimikatzの実行
4	内部探索	Advanced Port Scannerの実行
5	横展開	リモートデスクトップの悪用
6	ランサムウェア実行	グループポリシーからランサムウェアを配布/実行

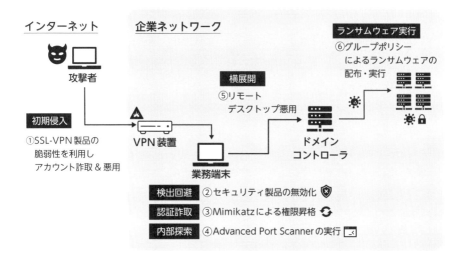

■図3.84　事例1の全体像

3.3.1.1　事例 1: 初期侵入

■表3.17　事例1の対策例：初期侵入要

スパン	対策
短期	詐取された疑いのある VPN アカウント情報の変更
短期	SSL-VPN 製品のファームウェアの最新化
短期	業務で使用しないの IP アドレス帯からのアクセス制限
中長期	二要素認証の導入
中長期	SSL-VPN 製品の脆弱性管理

・短期対策

　まず、すぐに実施すべき対策としては、詐取された可能性のある VPN アカウント情報の変更でしょう。脆弱性の内容にもよりますが、すべてのアカウントが詐取されている前提に立ち、侵入に悪用されたものだけではなく、可能なかぎり全アカウント情報を変更するべきです。具体的には、それぞれのアカウントパスワードの変更、または使用していないアカウントの削除が考えられます。

　また、SSL-VPN 製品のファームウェアの最新化も並行して実施します。アカ

ウント情報を変更したところで、製品に脆弱性が依然存在する状態だと、再び攻撃者にアカウント情報を詐取される可能性があるからです。

さらに、SSL-VPN製品によっては接続元IPアドレスの制限が可能なものがあります。業務で接続してくるはずのないIPアドレス帯が指定可能ならば、そのようなIPアドレス帯に対してアクセス制限をかけることも検討します。例えば、国外からのアクセスを拒否する設定などが有効でしょう。

・中長期対策

次に、中長期で実装していく対策で非常に有効なのが二要素認証の導入です。代表的なものとして、クライアント証明書やワンタイムパスワードがありますが、それらを導入することで、たとえユーザ名とパスワードが詐取されたとしても侵入できないような環境を構築します。

また、SSL-VPN製品の脆弱性管理を行うことで、今後新たな脆弱性が発見されたとしても、露出している状態をかぎりなく短くするようにします。定期的に脆弱性情報を追跡し、パッチを当てていく作業が運用に組み込めない場合は、IPS製品等の導入も検討すると良いでしょう。

3.3.1.2 事例1: 検出回避

■表3.18 事例1の対策例:検出回避

スパン	対策
短期	セキュリティ対策製品の追加機能の有効化（機械学習、挙動監視）
中長期	特権アカウントの堅牢化

・短期対策

本事例では、攻撃者は正規のドライバを悪用することで、セキュリティ対策製品の無効化を行いました。悪用されたドライバは正規の製品のもののため、それ自体をパターン検出することはどの製品であっても難しいことが考えられます。

そこで、パターン検出機能だけではなく、セキュリティ対策製品を無効化しようとする挙動自体を検出する追加機能の有効化も検討します。あるいは、セキュリティ対策製品によっては自身が無効化されたこと自体を検出して、その端末に対してアクセス制御をかけることが可能なものもあるため、そういった機能を検討することも有効でしょう。

・中長期対策

正規ドライバを悪用してカーネルモードから任意の操作を行うには、その前提として管理者権限が必要になります。したがって、そもそも特権アカウントを詐取されないよう堅牢にすることも非常に有効な対策の1つといえます。具体的な対策手法については、次の「認証詐取 / 権限昇格」で解説します。

3.3.1.3 事例1: 認証詐取 / 権限昇格

■ 表3.19 事例1の対策例:認証詐取/権限昇格

スパン	対策
短期	悪用されたアカウント情報の変更
中長期	不要なローカル管理者アカウントの削除
中長期	ローカル管理者アカウントのパスワードを端末ごとに変える
中長期	ドメイン管理者グループに所属するアカウントの使用制限

・短期対策

すぐに実施すべき対策としては、攻撃に悪用されたアカウント情報の変更です。本事例でいえば、キッティングアカウントと、IT担当者の使用しているアカウントがそれにあたります。具体的には、不要なアカウントであれば削除を、そうでない場合はパスワードの変更を行います。パスワードの変更を行う際は、英字の大文字小文字、数字と記号の4種を組み合わせて12文字以上の文字列に設定することを推奨します。

・中長期対策

本事例では、ローカル管理者権限を有したキッティングアカウントが全端末に残されたままになっていたこと、さらにそれらがすべて同一のパスワードだったことが、被害を拡大させてしまったことの大きな要因でした。したがって、これを機にローカルアカウントの見直しを行うと良いでしょう。具体的には、各端末に存在する不要なローカル管理者アカウントを削除すること、そして残しておくローカル管理者アカウントについてはパスワードを端末ごとに変更します。これらのローカルアカウントの管理については、LAPS等のツールを使用して実装していくと良いでしょう。

また、ローカルアカウントだけではなく、ドメインアカウントについても堅

牢化を検討する必要があります。本事例においては、ドメイン管理者グループに所属するアカウントを日常の運用で使用していることが、攻撃者にドメインの特権を詐取されたことの大きな要因でした。したがって、下記に代表されるドメイン管理者グループを運用で使用することは禁止します。IT担当者の使用するアカウントに関しても、必要最低限の権限のみを付与して使用するように検討します。一時的に高い権限の操作が必要な場合は、その時だけ必要な権限を委任するような運用にすると良いでしょう。

■表3.20 デフォルトで生成される特権グループ

#	グループ名
1	Administrators
2	Domain Admins
3	Enterprise Ad-mins

3.3.1.4 事例1:内部探索/横展開

本事例においては、内部探索と横展開に対する対策は同様のものになるため、一緒に解説をしていきます。

■表3.21 事例1の対策例:内部探索/横展開

スパン	対策
短期	リモートデスクトップの接続元の制限
中長期	運用で使用しない不要なポートの閉塞
中長期	リモートデスクトップを使用するアカウントの制限
中長期	IDS製品による横展開通信の監視

・短期対策

すぐに実施できる対策として、リモートデスクトップの接続元の制限が考えられるでしょう。本事例の企業ではリモートデスクトップを日常の運用で使用していましたが、その実態は特定のユーザ（IT担当者）がサーバや従業員の業務端末にリモートログインする場合のみでした。したがって、このようなケースの場合は、各端末において、IT担当者が利用する管理端末からのリモートデ

スクトップ通信のみを許可するような経路制限を行うと効果的です。実装には、Windows Defender ファイアウォールや、セキュリティ対策製品の機能を使うと良いでしょう。

・中長期対策

今回悪用されたリモートデスクトップが使用するポート:3389/tcpも含めて、運用で使用しない不要なポートがあればその閉塞を検討します。ただし、ポートによってはシステムが使用するものもあり、安易に閉塞すると運用影響が発生する可能性があるため、その検討は慎重に進める必要があります。例えば、今回の事例だと下記が閉塞対象の候補としてあげられます。

- 管理端末の3389/tcp
- ファイル共有機能をホストしない業務端末の445/tcp

また、先述したローカル / ドメインアカウントの見直しと共に、リモートデスクトップを使用するアカウントを制限すると良いでしょう。具体的には、IT担当者がリモートアクセスの際に使用するアカウントを決定し（例:Remote Desktop User グループ）、グループポリシーを用いて本アカウント以外（特に特権アカウント）についてはリモートデスクトップの使用を拒否するような設定を入れると良いでしょう。

最後に、IDS等のネットワーク監視製品の導入も効果的です。内部環境をスキャニングする挙動や、普段は使用しないアカウントでの遠隔操作の通信等を検出することができるでしょう。一般的に IDS 製品は通信をブロックしない代わりに大量のログが記録されますが、例えば決められたアカウントでのみリモートデスクトップを許可する等の運用方法を決めておけば、そこから外れた通信が発生した際に気づきやすくなるでしょう。

3.3.1.5 事例1: ランサムウェア実行

■ 表3.22 事例1の対策例:ランサムウェア実行

スパン	対策
中長期	3-2-1 ルールの導入

・中長期対策

　本事例の企業では、定期的にサーバのバックアップを取得していたにも関わらず、バックアップサーバ自体も暗号化されてしまったために多大な被害を被ってしまいました。同様の被害を防ぐためには、バックアップの3-2-1 ルールを採用すると良いでしょう。とりわけ、その中でも、オフライン環境にバックアップを保管する点は強く意識して運用に組み込んでいくことが効果的です。

3.3.2 事例2

　被害事例 2 で使用された攻撃手法および攻撃の全体像は次のとおりです（詳細な攻撃の過程を振り返りたい場合は第 2 章をご参照ください）。こちらに関しても、それぞれの攻撃ステップで有効な対策について解説します。

■ 表3.23 事例2の攻撃ステップ

#	ステップ	攻撃の詳細
1	初期侵入	グローバル IP のふられた SIM カードに対して総当たり攻撃
2	検出回避	セキュリティ対策製品の管理コンソール経由でアンインストール
3	認証詐取 / 権限昇格	comsvcs.dll の MiniDump 機能を悪用
4	コールバック	AnyDesk の悪用
5	横展開	PsExec の悪用
6	データ持ち出し	MEGA の悪用
7	ランサムウェア実行	グループポリシーからランサムウェアを配布 / 実行

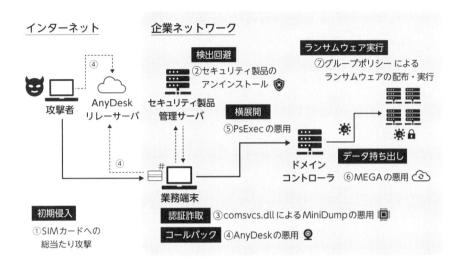

■図3.85 事例2の全体像

3.3.2.1 事例2: 初期侵入

■表3.24 事例2の対策例：初期侵入

スパン	対策
短期	業務端末に対するインターネットからの通信を拒否
中長期	業務端末のインターネット接続方法の見直し

・短期対策

すぐに考えられる効果の高い対策は、業務端末に対してインターネット側からの通信を拒否するようなファイアウォールルールを実装することでしょう。社内環境の通信を制御するとなると運用影響を考慮しなければなりませんが、インターネットから業務端末に対して直接アクセスするような運用はほぼないことが考えられるため、比較的懸念事項なく実装することが可能かと思われます。

・中長期対策

いくらインターネットからの通信を拒否するようなファイアウォールルールを設定したとはいえ、業務端末にグローバル IP アドレスを付与したままにしておくことはセキュリティ上健全とはいえません。例えば業務端末を数台新規導

入した際、当該ルールの実装を失念してしまうリスクも考えられます。したがって、中長期的には業務端末のインターネット接続方法の見直しを検討すると良いでしょう。今回のケースにおいて重要なポイントは、SIM カードを使い続けるにしろモバイル Wi-Fi ルータを使うにしろ、端末に対してグローバル IP アドレスが付与されないような仕様のサービスやプランを検討することになります。

3.3.2.2　事例 2: 検出回避

■ 表3.25　事例2の対策例：検出回避

スパン	対策
短期	ブラウザ上に認証情報を保存することを制限する
中長期	管理コンソールへのアクセスに二要素認証を導入する

・短期対策

　本事例では、普段セキュリティ対策製品の管理コンソールへログインするために使っていた管理者アカウントを、IT 担当者端末のブラウザ上に保存してしまっていたことが、本製品が全台アンインストールされてしまった直接的な原因でした。したがって、まず考えられる短期対策としては、業務で使用しているブラウザに認証情報を保存しないような設定を導入することでしょう。設定を投入するだけでなく、既に保存してしまっている認証情報をすべてブラウザから削除しておくことも重要な対策です。ただし、短期間で本設定を全従業員端末に対して行うのは困難なため、まずは被害のあった IT 担当者端末に対して優先的に行うと良いでしょう。

・中長期対策

　認証情報を保存しない設定を導入するだけではリスクをゼロにはできません。例えば、急遽いつもと異なるブラウザや端末で管理コンソールにアクセスした際、誤って認証情報を保存してしまうことも考えられなくはないでしょう。したがって、それだけではなく、セキュリティ対策製品の管理コンソールへのログインに二要素認証を導入することも中長期では考えるべきです。大抵のセキュリティ対策製品であれば二要素認証はサポートしていますし、これにより、万が一認証情報を詐取されてしまった場合でもリスクを減らすことが可能となります。

　筆者らが対応を支援したある企業では、管理コンソールの管理者アカウントに関しては監視を行っているベンダに渡しており、そもそも認証情報を把握しないようにしているといった事例がありました。本企業がコンソールにログインする際は、検出ログのみを閲覧できるように権限を絞ったアカウントを使うようにしていました。このような運用に関しても、管理者アカウントが詐取されるリスクを減らす上で有効な対策と言えるでしょう。

3.3.2.3 事例2: 認証詐取 / 権限昇格

■ 表3.26　事例2の対策例:認証詐取/権限昇格

スパン	対策
短期	悪用されたアカウント情報の変更
中長期	ビルトインのローカル管理者アカウントの無効化
中長期	ローカル管理者アカウントのパスワードを端末ごとに変える
中長期	ドメイン管理者グループに所属するアカウントの使用制限

・短期対策

　すぐに実施すべき対策としては、攻撃に悪用されたアカウント情報の変更です。本事例でいえば、ビルトインのローカル管理者アカウント :Administrator、およびドメイン管理者アカウントがそれにあたります。具体的には、不要なアカウントであれば削除を、そうでない場合はパスワードの変更を行います。

・中長期対策

　本事例では、Administrator アカウントを残したままにしていたこと、また全端末で本アカウントのパスワードを共通にしていたことが被害を広げてしまった大きな要因でした。Administratorという名のアカウントは攻撃者から簡単に予測されてしまうため、総当たり攻撃に対して脆弱です。したがって、本ビルトインのアカウントは無効化し、新たに予測されにくいユーザ名でローカル管理者アカウントを作成すると良いでしょう。また、新たに作成したローカル管理者アカウントに関しては、パスワードを端末ごとに変えておくことも、再発防止を考えていく上で非常に重要です。これらのローカルアカウントの管理については、LAPS 等のツールを使用して実装していくと良いでしょう。

　また、具体的な経路は判明していませんが、ドメイン管理者アカウントも攻

撃の過程で詐取されてしまったことが分かっています。少しでも当該アカウントが悪用されるリスクを減らすためにも、対策を講じるべきです。具体的には、下記に代表されるドメイン管理者グループを運用で使用することは禁止します。IT担当者の使用するアカウントに関しても、必要最低限の権限のみを付与して使用するように検討します。一時的に高い権限の操作が必要な場合は、その時だけ必要な権限を委任するような運用にすると良いでしょう。

■表3.27 デフォルトで生成される特権グループ

#	グループ名
1	Administrators
2	Domain Admins
3	Enterprise Ad-mins

3.3.2.4 事例2: コールバック

■表3.28 事例2の対策例:コールバック

スパン	対策
短期	悪用されたツールの通信先へのアクセスを制御
中長期	リモート管理ツールの運用方法の見直し

・短期対策

まずは、悪用されたリモート管理ツールの通信先となる、リレーサーバへのアクセスをファイアウォール等の境界で制御する必要があります。これにより、当該ツールが環境に残っていたとしても、リレーサーバへコールバックできないため、攻撃者の再侵入を防ぐことが可能となります。

通信先情報に関してはツールの開発元の公開情報から確認するか、あるいは筆者らがまとめた下記資料に記載があります。

Analysis on legit tools abused in human operated ransomware(JPCERT/CC)

https://jsac.jpcert.or.jp/archive/2023/pdf/JSAC2023_1_1_yamashige-nakatani-tanaka_en.pdf

・中長期対策

本事例では、被害企業はこうしたリモート管理ツールの使用を制限していな
かったため、攻撃の過程で悪用されたことに気づくことができませんでした。
したがって、まずは使用を許可するツール、および許可しないツールを明確に
線引きするところから始め、許可しないツールに関しては使用を制限するよう
な対策を講じます。具体的には、リレーサーバへの通信先を制御したり、ある
いは AppLocker 等を活用してプログラムの動作を制御すると良いでしょう。

また、セキュリティ対策製品によっては、アクセス先 URL のカテゴリに基づ
いて通信を制御してくれるものもあります。このようなリモート管理ツールが
含まれたカテゴリがセキュリティ対策製品によって定義されている場合は、そ
れを活用して効率的に制御するのも 1 つの手です。

使用を許可するツールに関しては、悪用の有無がないか継続的に監視します。
具体的には、例えば運用上遠隔操作を行うことのない端末（基幹サーバ等）で、
リモート管理ツールが動作していないかを監視する、あるいは動作そのものを
制御するのも現実的な方法の 1 つといえるでしょう。

3.3.2.5 事例 2: 横展開

■ 表3.29 事例2の対策例：横展開

スパン	対策
短期	管理共有の無効化
中長期	PsExec を使用するアカウントの制限
中長期	運用で使用しない不要なポートの閉塞
中長期	IDS 製品による横展開通信の監視

・短期対策

運用で管理共有を使用していない場合は、無効化を検討すると良いでしょ
う。PsExec の通信は管理共有を使用するため、当該機能を無効化することで、
PsExec による通信自体を制御することが可能になります。また、管理共有領域
自体が、不正プログラムの転送等に悪用される事例もあるため、そのような攻
撃手法も同様に防ぐことが可能になります。

・中長期対策

　今回悪用された PsExec が使用するポート :445/tcp も含めて運用で使用しない不要なポートがあればその閉塞を検討します。ただし、445/tcp については、Active Directory やファイル共有等、日々の運用でも使用することの多いポートのため、その閉塞には慎重に検討を進める必要があります。比較的検討のしやすい閉塞対象のポートは、例えば下記が候補としてあげられます。

- ファイル共有機能をホストしない業務端末の 445/tcp
- 運用者端末の 3389/tcp

　また、ローカル / ドメインアカウントの見直しと共に、PsExec を含め SMB 通信を使用するアカウントを制限すると良いでしょう。ただし、SMB 通信については、そもそもどの端末でどのように SMB 通信が行われるかを洗い出すのが困難である可能性があるため、その場合は、まずは特権アカウントを使用した通信を制御するとよいでしょう。グループポリシーを用いて設定を行っていきますが、具体的な手順については、本章の「認証詐取 / 権限昇格」の「3.2.5.1 アカウント管理」に記載している「特権アカウントによるログインを制限する」を参照ください。

　最後に、IDS 等のネットワーク監視製品の導入も効果的です。内部環境をスキャニングする挙動や、普段は使用しないアカウントでの遠隔操作の通信等を検出することができるでしょう。一般的に IDS 製品は通信をブロックしない代わりに大量のログが記録されますが、例えば決められたアカウントでのみリモートデスクトップを許可する等の運用方法を決めておけば、そこから外れた通信が発生した際に気づきやすくなるでしょう。

3.3.2.6　事例 2: データ持ち出し

■ 表3.30　事例2の対策例:データ持ち出し

スパン	対策
短期	悪用されたクラウドストレージサービスへの通信制限
中長期	業務で使用するクラウドストレージサービスの整理
中長期	DLP や IRM といった情報漏洩対策の実装

・短期対策

まずは、仮に攻撃者が環境にまだ潜んでいたとして、二次被害を防ぐためにも、今回悪用されたクラウドストレージサービスであるMEGAへの通信制限を行うべきでしょう。

・中長期対策

今回の事例のように、正規ツールや正規サービスが悪用される手法に対しては、まずは社内運用として使用を許可するもの、許可しないものでハッキリと線引きを行い、許可しないものに関しては使用制限することで対策を行うのが効果的です。例えばクラウドストレージサービスとしてDropboxのみを許可するのであれば、それ以外のサービスへの通信に関しては、ファイアウォール等の境界で制御を行います。

ただし、取引先とファイル交換を行う際に、先方が指定したサービスを使用しなければならないケースもでてくると思います。その際は、例えば対象のサービスに関して事前申請を受け付け、決められた期間の間、関係者の端末からのみ当該サービスへの通信を許可する等のしくみを導入すると良いでしょう。

また、DLPやIRMといった情報漏洩対策も、万が一攻撃者に侵入を許してしまったとしても、情報流出のリスクを下げるのに有用です。

3.3.2.7 事例2: ランサムウェア実行

■表3.31 事例2の対策例:ランサムウェア実行

スパン	対策
中長期	3-2-1 ルールの導入

・中長期対策

ランサムウェアにより暗号化の被害にあったとしても、バックアップを適切に取得および運用できていれば業務影響を最小限にすることが可能です。バックアップの運用を導入する際は、3-2-1 ルールを参考にすると良いでしょう。その中でも、オフライン環境にバックアップを保管する点は強く意識して運用に組み込んでいくことが効果的です。

第 **4** 章

セキュリティ監視

この章では、エンドポイント型セキュリティ対策製品のログを中心に
したセキュリティ監視について記載します。監視は、普段の生活で言
えば監視カメラを設置して後から犯罪者を特定したり、何か問題が起
きた際にそれに早く気づいて対処するために行われます。同じように
サイバーセキュリティにおいても、各種ログ（セキュリティ対策製品
の検知ログや、イベントログなど）を定期的に確認したり、特定の条
件に合致した際にメール等でアラートを送出するようなしくみを作っ
て監視を行うというのが一般的です。なるべく費用のかからない手法
を中心に記載しますが、一部は専門的な知見や費用などが必要になる
ものもありますので、エンドポイント型セキュリティ対策製品のログ
監視をベースに、プラスでできそうだと思ったものを取り入れてもら
えれば幸いです。

4.1 監視の目的や必要性

　ここまでの章では、標的型ランサムウェア攻撃の手法や被害事例などを踏まえて、効果的なセキュリティ対策について具体的な実装手順を説明してきました。一方で読まれていて感じられた方も多いと思いますが、そもそもすべての対策をしきるには相当の手間や検証などの人的リソースや費用が必要になります。また、本当は対策をしたいけれども、どうしてもこの管理者パスワードは変更が難しい（業者に指定されていて変更するとサポート対象外になると言われている、作り込まれたアプリケーションの中にパスワードが埋め込まれていて変更すると動作しなくなってしまう、等々）、このポートは閉じることができない、といったものが存在したのではないでしょうか。

　筆者らの経験においても、インシデント発生後に提言した対策が例外なくすべて実施できるといったことはほとんどなく、対策しきれない部分については、対策しきれていないリスクを理解した上で監視といった形で補っていくといったケースがほとんどになっています。そのため本章では、そこまで大きな労力や費用を割けない環境においても現実的に行えるであろう監視手法について、その考え方や具体的な手法などを簡潔に記載して行きたいと思います。

4.2 監視のポイントや難易度

監視の箇所や手法は多岐に渡りますが、大まかには以下のような製品・ポイントを監視していく形となります。

- **難易度 : 低**
  - エンドポイント型セキュリティ対策製品（EPP）
- **難易度 : 中**
  - ネットワーク型セキュリティ対策製品（IDS/IPS）
  - Web フィルタリング型セキュリティ対策製品（FW/Proxy/UTM）
  - メールフィルタリング型セキュリティ対策製品
- **難易度 : 高**
  - セキュリティイベントログ（ログインイベント）
  - エンドポイント型セキュリティ対策製品（EDR）
  - サーバ上のファイル変更監視

本章では取っ掛かりとして監視を実施すべき監視対象の製品・ログをそれぞれの難易度から1つずつピックアップし、以下3つのログを監視する手法を解説します。

- エンドポイント型セキュリティ対策製品（EPP）
- ネットワーク型セキュリティ対策製品（IDS/IPS）
- セキュリティイベントログ（ログインイベント）

> **EPP :** Endpoint Protection Platform の略、パターンマッチング方式が中心のセキュリティ対策製品の呼称（第1章でも解説していますが読み飛ばしている方のために補足です）。
>
> **IDS/IPS :** Intrusion Detection/Prevention System の略、主にネットワーク経路に設置する機器で、不正通信の特徴を捉えるルール・シグネチャを元に検知を検知を行う。IDS は Detection なので検知のみを行い通信の制御は行わず、IPS は Prevention つまり通信の制御を行う。

4.3 エンドポイント型セキュリティ対策製品のログ監視

エンドポイント型セキュリティ対策製品（EPP）については、サーバや業務端末にとりあえずインストールして最新のパターンファイルに更新していればそれで問題ない、不正プログラムを検出した場合は当該の不正プログラムが隔離処理されていればそれでよいといった運用をされているケースをよく見聞きします。もちろんそれはそれで大事なことなのですが、エンドポイント型セキュリティ対策製品の検知ログにはよく見るとかなり貴重なログが出力されていますので、定期的ないしはメール通知などでリアルタイムに監視を行なえると良いでしょう。また、217 ページ記載の難易度中・高のログと比べて、基本的に出力されたログは「不正プログラムの検知」ですので、検知理由が他のログ監視と比べてシンプル（疑わしいファイルが存在したので検知を行う）であるため筆者らとしてはセキュリティ監視を行う最初の一歩として「エンドポイント型製品の検知ログ監視」を推奨したいと考えています。

4.3.1 ログに含まれる要素

エンドポイント型セキュリティ対策製品のログに含まれる主な要素を以下に整理します。

- **検出日時**
    - いつ検出されたか
- **検出名**
    - パターンマッチング型：不正プログラムの検出種別
    - 挙動監視型：検出した挙動の詳細
    - 不正通信検知：検出した URL や検出理由・カテゴリ

- **端末名**
  - （端末の命名規則から）端末の役割・端末が置いてある場所・調達年度
- **アカウント名**
  - 一般ユーザ・管理者
  - 検出があった際に端末上でログインしていたアカウント
- **検索の種別**
  - リアルタイム検索・予約検索（手動検索）
- **検出ファイルのパス**
  - ユーザ領域・システム領域

これらのログを監視する際の重要なポイントについて、4.3.2 から 4.3.6 で説明します。

4.3.2 注視すべき検出名の確認

ここでは、筆者らが普段インシデント対応を支援していて、標的型ランサムウェア攻撃において頻繁に見かける不正プログラムの検出名称をいくつかピックアップしました。すべてのツールをリストすると膨大になってしまうため筆者らが大事だと思うツール一部に絞っていますが、重要なところはカバーできていると考えます。これらの検出名が検出ログに出てきた場合には注視していただけると良いでしょう。

なお、基本的には普通に運用をしていてこれらのツールが検出ログに出てくることはありませんが、稀に意図して IT 担当者がツールを使っているという場合もありますので、システム管理者や開発者の端末で検出した場合には利用者に身に覚えがあるかを確認すると良いでしょう。表 4.1 のリストで言えば特に Advanced Port Scanner、Nmap などは IT 担当者が意図して利用していたケースを経験したことがあります。

■表4.1　注視すべき検出名の例

攻撃ステップ	ツール名
検出回避	GMER
	PC Hunter
	Process Hacker
認証詐取 / 権限昇格	Mimikatz
	LaZagne
内部探索	Adfind
	ADRecon
	Advanced IP Scanner
	Advanced Port Scanner
	Netscan
	Nmap
	PowerView
横展開	Radmin
コールバック	Cobalt*,COBEACON（Cobalt Strike）

　なお、検出名の不正プログラムがどういったものなのかを深掘りしたい場合には、検出名を Google 等の検索エンジンで検索すれば関連する情報が得られます。

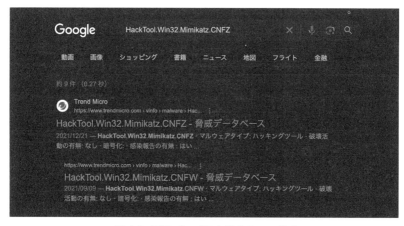

■図4.1　不正プログラム検出名での検索

検索結果を選択し、どのような不正プログラムであるのかを確認します。画面は、トレンドマイクロ社が公開している不正プログラム情報のデータベースとなります。[32]

■ 図4.2　不正プログラム検出名の詳細を確認

　しかしながら、検出名が同じであっても皆様の環境で見つかった不正プログラムとインターネット上の情報が全く同一の不正プログラムであるということではありません（細かい挙動が異なる可能性がある）のでその点はご注意ください。より精度の高い情報を得たい場合には、不正プログラムの「ハッシュ値」と呼ばれる値（MD5、SHA1など）が同一であれば同一ファイルと言えますので、もし可能であれば発見された不正プログラムの「ハッシュ値」でも検索を行ってみてください。

┃ハッシュ値: ファイルやプログラムを一意に表す値（文字列）のこと。

　なお、ファイルのハッシュ値を算出したい場合、さまざまなツールがありますがWindowsの場合コマンドプロンプトを起動し、以下の「certutil」コマンドで算出することが可能です。

```
certutil -hashfile <ファイルパス>[ハッシュアルゴリズム]
```

　以下は、コマンドプロンプトにて cmd.exe のハッシュ値（SHA1）を算出している画面です。

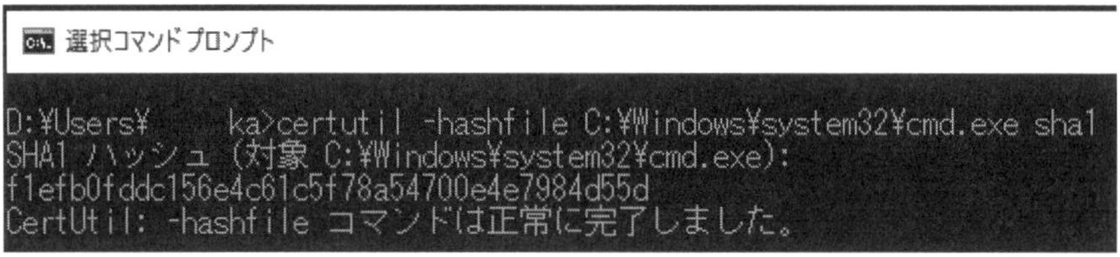

```
選択コマンド プロンプト

D:¥Users¥     ka>certutil -hashfile C:¥Windows¥system32¥cmd.exe sha1
SHA1 ハッシュ（対象 C:¥Windows¥system32¥cmd.exe）:
f1efb0fddc156e4c61c5f78a54700e4e7984d55d
CertUtil: -hashfile コマンドは正常に完了しました。
```

■ 図4.3　ハッシュ値の算出

4.3.3 管理者アカウントでの検知確認

　本来、業務端末で不正プログラムが検出される際は利用者本人のユーザ名が記録されるはずですが、Administrator ないしは管理者権限のあるユーザ名で検知ログが記録されていた場合には要注意です。攻撃者が端末を乗っ取った場合は権限昇格を試みるか既に管理者権限を持っていることがほとんどです。例えば、攻撃者は Administrator で端末にログインした状態で不正プログラムやツール群を追加で端末にダウンロードするなどを行いますが、この際に不正プログラムの検知が行われると、検知ログには Administrator ユーザでの検出が記録されます。同様にサーバ端末の場合も、普段運用で使わないアカウント名で不正プログラムの検出が上がっていた場合には要注意です。

　表 4.2 は検知ログのイメージなのですが、同じ「PC-1」の検出にも関わらず、ユーザ名が「user-01」と「Administrator」と表示されていることがあるので、こういったログを見た場合は注意してください。なお、「注視すべき検出名」に記載した「Mimikatz」の文字列があるため、この場合ユーザ名と検出名で二重に危険な兆候が見られる、という状態です。

■ 表4.2　検出ログの例

日時	端末名	ユーザ名	検出名
2023/07/09	PC-1	user-01	PUA.Win32.OnlineG.AA
2023/07/10	PC-1	Administrator	HackTool.Win32.Mimikatz.CNFZ

4.3.4 特定端末で大量の検出がないかの確認

実際の攻撃で踏み台として利用される端末では、やけに短時間に大量の検出が起こっていたり、その中に注視すべき検出名（4.3.2項）の検知が含まれているといったことがあります。また、筆者らの経験では、検出が偏っている端末についてヒアリングを行ったところ、実は当該端末のユーザのメールアドレスが問い合わせ窓口として外部に公開されているため、不審なメールを受信しやすいといった背景が特定できたこともありました。

また、場合によっては、業務に不要なサイトの閲覧や、正規製品のライセンス認証の迂回などといった倫理的にグレーな操作を行なっている利用者の検出である場合もありますが、この場合はサイバー攻撃ではありませんがリスクが高い行為ですので本人への注意喚起などを行うのが良いでしょう。

4.3.5 業務時間外におけるリアルタイム検出の確認

検出種別には、基本的にリアルタイム検出と手動・予約検出の二種類があります。リアルタイム検出では名称のとおり不正プログラムが動いたその瞬間や、新たに作成された不正プログラムを検出します。手動・予約検出はセキュリティ対策製品側から能動的に検索（フルスキャン）を行った際に検出することを指します。手動・予約検索では過去に侵入した不正プログラムや、過去に行われた攻撃の残骸などを後から検知するケースが多いため、筆者らが特に重視しているのはリアルタイム検出の方です。

例えば、従業員や IT 担当者が業務端末やサーバを触っていないはずの夜間や休日など業務時間外にリアルタイム検出があった場合は、攻撃者による不正プログラムの設置が行われようとした可能性が高いと考えられます。ただし、サーバにおいてはスケジュールを組んで行われているタスク（バックアップジョブ）などが動作した関係でファイルの読み書きが発生し、それをリアルタイム検索が捉えるケースもあるため、検出時間にそういったタスクが動作しているかどうかも確認をすると良いでしょう。

4.3.6 システム領域のファイルパスにおける検出の確認

　一般的に端末のユーザ（従業員）には管理者権限を付与していないことが多いと思いますので、本来管理者権限がなければファイルを作成できないはずの領域で不正プログラム検知があった場合には、攻撃者や不正プログラムが管理者権限やシステム権限の奪取に成功しているということになります。以下のファイルパスは、UACと呼ばれる機能で保護されていて、ファイルの作成や書き換えには管理者権限が求められますので、以下のファイルパスで不正プログラムの検出があった場合には管理者権限が奪取されていると考えて対処すると良いでしょう。

- C:¥　の直下
- C:¥Windows¥
- C:¥Windows¥Temp¥
- C:¥Windows¥System32¥
- C:¥Windows¥SysWOW64¥
- C:¥Program Files¥
- C:¥Program Files (x86)¥

　なお、「Program Files」に関しては、場合によっては従業員や管理者が意図してインストールしたツールが、広告表示等を目的としたグレーなツールとして検出されるケースもあるため、検出名に「PUA」や「ADW,ADWARE」などの文字列が含まれる場合は、ユーザに意図して導入した身に覚えのあるツールかどうかを確認し、身に覚えがあるようであればサイバー攻撃としては取り扱わなくて良いでしょう。筆者らの感覚値としてはWindows配下は優先度高、Program Files配下はあまり悪用されないので優先度低くらいの認識で良いと考えます。

ネットワーク型セキュリティ対策製品のログ監視

4.4.1 製品の設置箇所とその特性

　ネットワーク型セキュリティ対策製品に関しては、インターネットと企業内ネットワークの境界にはIPSを、企業内ネットワーク内部にはIDSを設置して運用されている企業が多いかと思います。境界に設置しているIPSに関しては、インターネットから常時不正通信を受信していますし、また設置箇所の性質上、通信をブロックしても業務影響のあるものは少ないと考えられるため、基本的に積極的な監視は必要ないと考えられます。しかし、内部に設置したIDSに関しては、業務通信も大量に検出されますし、また膨大なログの中から不正なものを特定して、かつ業務影響をできるだけ回避して対応していかなくてはならないため、監視運用のハードルはかなり上がると思います。筆者らも、IDSを導入したもののうまく運用できずに困っている企業に幾度となく遭遇しました。

4.4.2 境界に設置したIPS製品の監視

　境界に設置したIPS製品に関しては、検知した通信の方向によって監視の優先度を変えるのがよいと考えられます。以下より、外部→内部、内部→外部に分けて監視の考え方を記載します。

4.4.2.1 外部 → 内部の通信

　インターネットから環境内部に向かう（外 → 内）通信に関しては、基本的に監視の優先度はかなり下げても問題ないでしょう。インターネットからは、スキャニングや脆弱性を突く攻撃が常時発生していますし、またブロックすることで業務影響の生じる通信もあまり考えられないからです。ただし、例えば正規のユーザが公開サーバを閲覧するような正規通信が過検知により止められてしまう可能性も考えられなくはありません。その際には、過検知を引き起こし

ている検知ルールを特定し、当該ルールを監視モードに切り替える等の除外設定が速やかに行えるような手順や体制を整えておくと良いでしょう。

4.4.2.2 内部 → 外部の通信

　環境内部からインターネットに向かう（内→外）通信に関しては要注意で、監視の優先度を上げるべきです。環境内部から不正な通信が発生している場合は、既に業務端末が何らかの不正プログラムに感染している、あるいは攻撃者が侵入している可能性が考えられるからです。例えば攻撃者が環境内部に侵入し、Cobalt Strike 等のバックドアを設置した場合、そのコールバック通信が境界の IPS 製品で検知されることがあります。その場合は、速やかに不正通信を行っている感染端末の隔離を行うと共に、当該端末を調査ツール等で調査することで、悪用されたアカウントや、侵入手法の特定を行う等の対応が必要となります。

4.4.3 内部に設置したIDS製品の監視

　内部に設置した IDS 製品に関しては、217 ページ記載のとおり監視のハードルはかなり高くなります。しかし、うまく運用ができれば、標的型ランサムウェア攻撃において攻撃者が環境内部を動き回る挙動を検出することが可能なため、是非活用したい製品でもあります。ここでは、そのような挙動を監視するのに重要なポイントをいくつか紹介したいと思います。

4.4.3.1 横展開通信の監視

　まず 1 つ目に考えられるのは、横展開のステップでしばしば悪用されるリモートデスクトップ、PsExec、WMIの通信を捕捉することです。その際に重要になってくるのは、平時にこれらのツールや機能を使ってどのような運用を行っているかを正確に把握しておくことです。その平時の状態（ベースラインとも呼びます）を把握しておくことで、そこから外れた通信を検知した際に素早く気づくことができるでしょう。

平時の運用	異常な通信
RDP は日中時間帯にしか使用を許可していない	業務時間外に RDP 通信が発生
PsExec は IT 管理者のアカウントでしか使用しない	ドメイン管理者アカウントで PsExec 通信が発生
WMI はサーバのメンテナンスでしか使用しない	業務端末間で WMI 通信が発生

4.4.3.2　外向き通信の監視

　次に、コールバックやデータ持ち出しのステップで使用されるツールの外向き通信を監視するのも有効だと考えられます。特に、Cobalt Strike 等のバックドア（不正プログラム）はエンドポイント型セキュリティ対策製品で検知が可能ですが、そうではない正規ツールを使った通信も IDS であれば検知できる可能性があるので、監視の対象として考慮すると良いでしょう。例えば、第2章や第3章で紹介した、コールバックで悪用されることの多い RMM 製品や、データ持ち出しに悪用されることの多いクラウドストレージへの通信等がそれにあたります。

4.4.3.3　脆弱性を突く通信の監視

　最後に、脆弱性を突く通信の有無を監視するのも有効です。境界に置いた IPS とは違い、環境内部においた IDS で脆弱性を突く通信を検知することは通常運用であまり考えられないため、当該通信を検知した場合は優先度を上げて対応するべきでしょう。特に、第2章で取り上げたような下記脆弱性を狙う通信については攻撃者が意図して悪用する可能性も高いため、もし可能であれば、これらの検知ルールは個別に IDS モードではなく IPS モードで実装すると良いでしょう。

■ 表4.4 横展開で悪用が確認された脆弱性例

脆弱性	概要
CVE-2017-0143	
CVE-2017-0144	
CVE-2017-0145	SMB の脆弱性を突いて、遠隔の端末に対して任意のコードを実行する
CVE-2017-0146	
CVE-2017-0147	
CVE-2017-0148	
CVE-2020-1472	ドメインコントローラーに対して不正な通信を行い、ドメイン管理者権限に昇格する

4.5 セキュリティイベントログ（ログインイベント）の監視

　ここからは、Windowsが標準で出力しているセキュリティイベントログの監視について記載します。217ページ記載のとおり難易度は高いため、セキュリティ対策製品の検知ログの監視がある程度実施できた後に、余裕があればアカウントのログイン状況についても監視できると良いでしょう。自分たちでアカウントの不正な挙動を定義してルールを考える必要があったり、ドメイン環境でない場合は各端末に出力されているイベントログをサーバ等一箇所に集約する必要があったりなど、監視をするための土台作りが大変であることが多いですが、ある意味で自分たちで不正な挙動を定義できるため、セキュリティ対策製品の検知ログよりも確度の高い（納得感のある）アラートを上げることができる監視項目だと考えます。SIEMと呼ばれるログの集約製品などを活用すれば、あらかじめ製品側で準備しているルール検知アラートなどを活用することも可能です。

> **SIEM :** Security Information and Event Management の略。環境内のさまざまなログをデータベースに集約し、監視やアラートをしやすくするような技術・製品を差すことが多い。ログ量に応じた課金が行われることが一般的である。

　アカウントのログインを監視する際には、セキュリティイベントログ等に含まれる以下のような要素の掛け合わせで不審度を判定していきます。

- **日時**
    - 業務時間帯、業務時間外（夜〜早朝、休日）
- **アカウント**
    - ドメイン管理者、ローカル管理者、ユーザアカウント
- **端末**
    - サーバ、業務端末、IT担当者端末

- **ログインの種類**
  - – リモートデスクトップ（Type 10）、ファイル共有（Type 3）
- **ログイン元**
  - – IP アドレス（グローバル IP、ローカル IP）、端末名

ログインのログは、Windowsのセキュリティイベントログという形で、イベントビューアーから参照が可能です。イベント ID は Windows 10 の場合「4624」で記録されます。[33]

■図4.4 セキュリティイベントログ

全般内のイベントの詳細をスクロールしていくと、ログイン元がリモートの場合は、接続元の端末名や IP アドレスが記録されています。図 4.5 は、IP アドレスが192.168.0.10 の IR-HOSTという端末から接続されている例となります。

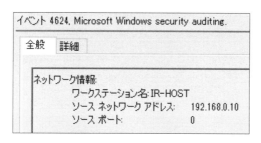

■図4.5 ネットワークログインの例

4.5.1 イレギュラーな挙動を考える

　組織によって不正なログインとみなす条件は異なってくると思いますが、概ね以下のような観点で監視できると良いでしょう。

- 従業員の業務端末で、ドメイン・ローカル管理者アカウントがログインしている
- サーバで、システム管理者ではない従業員の端末・アカウントがログインしている
- 命名規則と異なるアカウント名のアカウントがログインしている
- 深夜や早朝などに、ドメイン・ローカル管理者アカウントがログインしている
- サーバ間で、リモートデスクトップが行われている
- 外部に公開してるはずのない端末に対して、グローバル IP アドレスからログインが行われている

　なお、不正なログインについて考えていくと、そもそも事前に対策・制限しておけばいいポイントも浮き彫りになりますので、ぜひ一度上記以外も含め、不審な挙動について考えてみると良いでしょう。例えば、ドメイン環境の場合は各アカウントが認証可能な時間や曜日を制限したりすることもできますし、サーバにログインできるアカウントや端末を Windows Defender ファイアウォールなどで制限することができるでしょう。それらを検討した上で、どうしても運用上制御しきれないポイントについては監視で補っていくしかありません。

第4章　セキュリティ監視

また、ログインの種類としてファイル共有（Type3）についてはファイルサーバのファイル参照時など、普段の業務で大量に出力されるため、監視の難易度が高いです。そのため、手始めにリモートデスクトップログオン（Type10）を中心に監視を始めてみるのが良いでしょう。なお、ログオンの種類についてはType3、Type10以外にも存在しますので、興味のある方は以下も参考にしてください。

管理ツールとログオンの種類
https://learn.microsoft.com/ja-jp/windows-server/identity
/securing-privileged-access/reference-tools-logon-types

column

 イベントログの集約について

Windows の標準機能でも各端末上に出力されたイベントログを特定の端末に集約することは可能なのですが、5 台以下など少ない端末数であればまだしも、台数が多くなると各端末で詳細な設定を行ったり、正しく動作しない際にトラブルシューティングを行うのは大変な作業になるかと思います。そのため、資産管理・証跡管理などが行える商用の製品を導入検討する形が長い目で見ると良いかと考えます。さまざまな製品があるため一概にどれが良いかなどは断言しにくいですが、有名なものですと Sky 社の Skysea ClientView などがあります。いずれの製品もイベントログ単体での管理というよりは、各端末の操作ログの管理、OS のパッチ管理や導入しているアプリケーションの一元管理など、さまざまな統合管理機能の中の 1 つにイベントログ管理があるというイメージですので、他の導入目的も含めて複数の製品を導入検討されると良いと考えます。

column

 ## 監視の外部委託について

ログの監視については、アラート内容を読み解いて影響度や対処内容を判別するような、ある程度専門的な知見が求められる点と、場合によっては営業時間外や休日などにも監視を行いたいといった点などを考えると、外部のセキュリティベンダに監視を委託するといった選択肢をとる企業も増えています。セキュリティ監視を代行するサービスは MSS（Managed Security Service）、SOC（Security Operation Center）、MDR（Managed Detection and Response）などといった名称でサービス販売されていることが多いです。

それなりの費用がかかることが多いですが、専門的な知見や時間外対応などを外部にお願いできるという点では検討に値します。一方で、外部に委託することによって組織内にセキュリティに関する知識や知見が溜まらなくなってしまうというデメリットも考えられるため、筆者らとしては以下のようなスタンスが望ましいと考えています。

- まずは社内でできるかぎりの対策検討と監視を試みてみる
- それでも不安（リスク）が残るポイントについて洗い出す
- その不安（リスク）を軽減するのに妥当な監視内容や費用で外部委託が可能かを検討する

監視を行う人材を社内に持つ費用などとの天秤であるため正解はありませんが、外部委託する監視サービスの良し悪しをしっかり判別するためにも、ある程度は自社で試してみる・知見を溜めてみるのが良いでしょう。

第4章 セキュリティ監視

4.6 その他のセキュリティ対策製品等の監視

以下より、参考程度にここまで詳細には取り上げなかったその他4つのログについて簡単に監視の概要や考え方などを説明します。

4.6.1 エンドポイント型セキュリティ対策製品 (EDR)

難易度高に記載しているエンドポイント型のセキュリティ対策製品（EDR）については、基本的にセキュリティ対策製品側が各検知に対して重要度や優先度といった情報（Critical、High Risk 等）を付与してくれることが多いため、監視の際に検知のリスク度合いを判別しやすいというのが利点です。監視を行う場合は、まずは重要度や優先度が高いと思われるアラートに気付き、その内容を読み解けるようにするというのが監視の第一歩でしょう。また、EDRの開発ベンダにもよりますが、EDRでは検知を行った後に不審な動作を止めたり不審な通信を制御したりといったことは基本されないため、検知ログをしっかり監視して対処を行わなければ、そもそも導入している意味があまりなくなってしまいます。

EDR監視の難しいポイントとしては、検知したルール・シグネチャの確度（検知＝100%インシデントが起きていると言えるか？）が不明な点や、検知したルールがどういうロジックで検知しているかについては検知ルール名から推測するか、分からなければセキュリティベンダのWebサイトから確認したり、問い合わせる必要があるといった点があります。そういった意味で専任やスキルのあるIT担当者の存在が必要不可欠となり、専任の担当者を任命できない場合には監視をセキュリティベンダに外注することが一般的です。

4.6.2 Web フィルタリング型セキュリティ対策製品 (FW/Proxy/UTM)

組織内の端末がインターネットに接続した際の URL やドメインを評価して制御する「Web フィルタリング型セキュリティ対策製品（FW/Proxy/UTM）」については、基本的には設定をして設置さえしておけば設定に基づいて特定の Web サイトの閲覧制御や、特定のルールにマッチした通信のブロックを行ってくれるので、あまり明示的にログの監視をしていないことが多いと思います。しかしながら、監視を行うことでどういったユーザがどういったサイトにアクセスしているかや、どういった検知が行われているか傾向を見ることができますので、余裕があれば定期的に検知ログを確認し、業務と関係のないサイトを見ているユーザなど、リスクのあるユーザを特定してヒアリングなどを行っても良いでしょう。

4.6.3 メールフィルタリング型セキュリティ対策製品

メールフィルタリング型についても上記の Web フィルタリング型セキュリティ対策と同様に、基本導入しておいて、不審な添付ファイルや本文内の URL などを検知してメール受信をブロックしており、監視は行わないケースが多いかと思います。監視を行う場合には、特定のユーザやメーリングリスト宛ての不審なメールが大量に検知しているといったような傾向分析に使うと良いでしょう。検知しているものは環境内に流入していないはずですが、流入しようとしているメールが多いということは、不審なメールがすり抜けている可能性もあります。また、不審なメールを多く受信する社員はホームページ等で社外にメールアドレスが公開されている可能性も高いため、公開不要であればそう言った箇所からメールアドレスを削除する、どうしても公開せざるを得ないメールアドレスについては受信メールの検査を強化するなども検討すると良いでしょう。

4.6.4 サーバ上のファイル変更監視

　大規模な企業等においては、各サーバ上のファイル変更の監視（作成・変更されたファイルが正しいものか、攻撃者によるものかを都度判断する）なども行っていることがあります。非常に効果的ではありますが、かなりの工数や労力がかかるため本書で解説は行いません。例外として、外部向け Web ページをホストしている公開サーバのファイル変更監視を行う場合は、公開ディレクトリのファイル作成イベントのみを監視してアラートするしくみを作ってしまえば、Web ページの更新作業を行っていない時のイベントは不審なものとして判断することができます。

4.7 監視で異常を発見した場合の対応

　本章ではここまで、セキュリティ対策製品を中心としたログ監視の手法を紹介して来ましたが、監視をしていて異常と思われるログを発見したらどうすればよいのでしょうか。その点については、この後第5章で詳細に解説しています。大まかには異常が見られた端末の隔離や、観測された不正通信先の制御、悪用されたアカウントのパスワード変更などの封じ込めを行いながら、異常な動作の原因を明確にしていくような「インシデント対応」を行います。各機器やログからどういった監視結果が得られたらインシデントとして取り扱うか、フロー図のようなものを準備しておくと良いでしょう。

第 **5** 章

インシデント対応

この章では、第4章の監視を行う中で不正な挙動を検知した場合や、実際にランサムウェア攻撃の被害にあってしまったことを想定し、どのようにインシデント対応を進めていくかを記載していきたいと思います。企業によっては自社内で原因究明やフォレンジックなど高度な対応を行っている場合もありますが、本書はあくまでセキュリティに費用をかけられない方々が対象のため、最低限の対応と、どうしても必要な場合には高度な作業を社外に依頼する、という前提で手順等を記載します。

また、章の後半では「平時の準備」ということで、インシデントが起きる前に準備しておける事項なども解説します。こちらについては性質上、第3章と重複する記述が一部ありますがご了承ください。

5.1 インシデント対応とは

　「インシデント対応」という言葉は、JPCERT/CC によれば以下の表 5.1 のように定義されています。読者の皆様の所属する業種や担われている役職によって想像される範囲がさまざまにあるかと思います。

■表5.1　インシデントの定義 [34]

インシデント	インシデント対応
情報システムの運用におけるセキュリティ上の問題としてとらえられる事象	インシデント発生後の被害を最小化するための「事後」対応

　インシデントの例としては、個人情報流出、フィッシングサイトによる被害、サイバー攻撃者による不正侵入、不正プログラム感染、Web サイトの改ざん、DoS 攻撃によるサービスの停止や社員による内部不正などが挙げられます。本書では、繰り返し記載しているとおり「標的型ランサムウェア」への感染およびその前段で発生する攻撃者による不正侵入インシデントに対する手法や対策の解説や行っていますので、この章においても、本攻撃の被害にあった場合のインシデント対応の流れを説明します。

いざインシデントが起きてしまった場合、どのように技術的にインシデントの全貌を明らかにし、解決していくべきでしょうか。筆者らのチームでは、大まかには以下のような3つのステップで調査や対処を支援しています。

■表5.2　インシデント対応の流れ

#	対応ステップ	主な作業
1	感染経路・攻撃手法の特定	調査ツールの実行、調査ツールの結果解析、未知不正プログラムの新規パターンファイル対応
2	封じ込め・根絶作業の実施	最新パターンファイルの適用、アカウントのパスワード変更、不正通信先の制御
3	安全宣言に向けた監視	セキュリティ対策製品のログ監視、通信ログの監視、悪用アカウントの監視

まずは調査により攻撃手法を明らかにし、得られた調査結果をもとに封じ込めと根絶を行い、安全宣言に向けた監視を行う、という流れとなっており、大体のインシデント対応支援サービスで同じような流れを辿るかと思います。詳しく勉強されたい方は、少しボリュームがありますが、インシデントハンドリングに関する著名なガイドラインが米国標準技術研究所（NIST）やJPCERT/CCといった組織からも公開されているため、お時間がある場合は併せてご参照ください。

Computer Security Incident Handling Guide(NIST)

https://nvlpubs.nist.gov/nistpubs/specialpublications/nist.sp.800-61r2.pdf

インシデントハンドリングマニュアル (JPCERT/CC)

https://www.jpcert.or.jp/csirt_material/files/manual_ver1.0
_20211130.pdf

では、それぞれの作業についてステップごとに記載します。

5.3 感染経路・攻撃手法の特定

ランサムウェアに感染した場合、暗号化された端末が感染しているということは見た目にも明らかですが、これまでの章でも記載しているとおり、大抵の場合はその前段に、暗号化するための踏み台端末が存在しています。まずはその踏み台端末を見つけ、隔離して調査を行い、攻撃手法や悪用されたアカウント、攻撃に利用されたツールや不正プログラムなどを特定していくことが重要です。

5.3.1 感染起点となる端末を特定する（外部のベンダに相談する）

自力での対応はなかなか難しいと思いますが、ランサムウェアにより暗号化されてしまった端末のセキュリティイベントログを確認すると、どの端末から接続されたか、どういった手法で暗号化されたかなどが分かる可能性があります。基本的には外部の専門家に相談するのが良いと考えますが、自力で特定する場合には、例えば暗号化の直前のセキュリティイベントログ ID 4624（ログインの成功）を確認すれば、直前に接続してきている攻撃元端末の IP アドレスやアカウントを特定できることが多いです。しかしながら、ランサムウェア攻撃の種別によっては脆弱性を悪用するケースや、ドメインコントローラのグループポリシーという機能を使って拡散するケースなどもありますし、セキュリティイベントログを削除して去っていくケースも多いため、少しログを見てみて分からなければ、やはりまずは外部ベンダに相談することを推奨します。

5.3.2 端末の隔離

暗号化された端末、および踏み台になったと思われる端末については拡散防止のためにネットワーク上から隔離します。感染が確認されたら物理的に LAN

ケーブルを抜くというのが風習になっている企業が多いと思いますが、昨今で
は無線で接続しているケースがほとんどですので、その場合は端末上のファイ
アウォール機能等で論理的に送信ポートを遮断したり、導入済みのセキュリティ
対策製品や資産管理ツール等でリモートから論理隔離できる機能があればそれ
を利用するのが良いでしょう。以下は、トレンドマイクロ社のApex Oneの管
理画面から、端末を隔離する機能を実行しているスクリーンショットです。[35]

■図5.1　セキュリティ対策製品によるリモート隔離の例1

■図5.2　セキュリティ対策製品によるリモート隔離の例2

5.3.3　環境の隔離

　なお、ここまでの時点でかなり被害範囲が広い、被害が重篤であると判断で
きる場合には、被害環境からのインターネット接続を業務に必要な最低限の通
信先のみに制限するなどの「環境の隔離」を検討します。こちらは業務への影響
が大きいため慎重な判断が求められますが、次のような条件を満たした場合に
は、社内外への感染拡大などの影響を最小限にするためにも検討するべきであ
ると考えます。

- Mimikatzなどの注視すべき検出名（第4章で言及）が複数見つかっており、端末利用者の意図した検出ではない
- ドメイン管理者権限が悪用されている
- 侵入原因や拡散手法がクリアになっていない

5.3.4 調査ツールの実行と解析

　隔離した端末に対して調査ツールを実行します。外部のセキュリティベンダに調査を依頼する前提であれば、そのベンダから指定されたツールを実行すれば問題ないでしょう。

　調査ツールとは、被害端末で何が起きているかを調査するために必要なファイルやログを自動収集するツールです。昨今では他の章でも言及しているEDRが同様の役割を担ってくれるケースが多いですが、例えばインターネットに接続ができない端末であったり、EDRが導入されていない環境などでは現在も調査ツールを用いた調査が行われています。

　調査ツールは大抵の場合.exe形式の実行ファイルとなっており、被害端末に実行ファイルをコピーし、管理者権限で実行すると、ログファイルが出力されます。そのログファイルを各ツールを提供しているセキュリティベンダに送って解析してもらう、という流れが一般的となります。調査ツールによって、証拠データそのもののコピーを取得するものや、証拠データそのものは取得せずにプロセス一覧などの基本データをいくつか抽出したり、不審なポイントのみを取得したりするものがありますので、不明な場合は各ベンダに問い合わせを行います。

　なお、従業員による内部不正インシデントの場合や情報を狙った標的型攻撃の場合には、端末の状態を保全（ディスクの一部あるいはすべてをコピーする等）しておくことが望ましいですが、標的型ランサムウェア攻撃のインシデントにおいては業務復旧までの速度を優先し、完全な保全を行わずに調査ツールを実行して調査を行うケースが多いです。調査ツールを実行すべき端末の選定や、保全の要不要などの判断については依頼先のベンダと相談しながら進めていくのが良いでしょう。

■ 表5.3　調査ツールの整理

#	社名	ツール名	利用費	解析
1	LAC	FalconNest	無料	ポータルで無償解析可
2	サイバーディフェンス	CDIR	無料	自力or問い合わせ
3	トレンドマイクロ	ATTK	無料	無償問い合わせにより解析可

FalconNest (LAC)
https://www.lac.co.jp/solution_product/falconnest.html

CDIR (サイバーディフェンス)
https://www.cyberdefense.jp/products/cdir.html

ATTK (トレンドマイクロ)
https://success.trendmicro.com/jp/solution/1097836

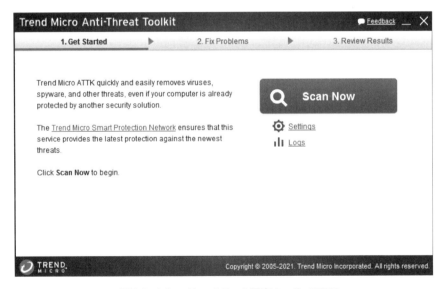

■ 図5.3　トレンドマイクロの調査ツール ATTK

5.3.5 未知の不正プログラムの制御

　大抵の場合、調査ツールをもとに解析を行うと、パターンファイルで駆除ができなかったいわゆる「未知」の不正プログラムや、攻撃者が利用したハッキングツール等があぶり出されます。これらの不正プログラムやツールについては、セキュリティベンダに解析を依頼し、パターンファイルによる対応が可能かどうかや、同種不正プログラムを制御できる追加機能があるかなどを確認します。

　正規のソフトウェアなど、セキュリティベンダで対応が難しいツールが攻撃に悪用されるケースもあるため、その場合はツール名やツールのハッシュ値を使って、WindowsのApplockerやセキュリティ対策製品が備えているアプリケーションコントロール機能などを使って実行制御を行います。ハッシュ値については第4章でも説明をしていますが、ファイルを一意に表す文字列のことです。

5.3.6 全体像や影響範囲を絵にする

　外部ベンダに調査依頼を行った場合は報告書に全体像が記載されるかと思いますが、自力で対応している場合には、判明している事項を絵にすることを都度意識すると良いでしょう。パワーポイントなどで作っても良いですし、難しければホワイトボードに書くだけでも問題ありません。インシデント発生時はさまざまな関係者で協力して対応を行いますので、状況を絵に書いて可視化しつつ全員の認識を合わせることは、本当に大事な工程であると10年以上この仕事をしてきて日々感じています。

　全体像や影響範囲を絵にする際のポイントですが、以下のような点を押さえておくと良いでしょう。もはや絵が正確に描けたら、インシデント対応の半分以上が終わったといっても過言ではないかもしれません。

- 確定情報と未確定情報が分かるように記載する（実線と点線など）
- 時系列や順序がわかるように記載する（ナンバリングや日時を記載する）
- インターネット、本社、拠点A、拠点Bなど資産の場所が分かるように記載する
- 発見された不正プログラム名、不正通信先、悪用アカウントを含める

　絵にすることで今何が分かっていて分かっていないか、どの端末が感染活動のキーになっているか、などタスクの可視化にも繋がります。図 5.4 は絵のイメージです。正解というものはありませんので、あくまでも 1 つの例として参考にしてください。

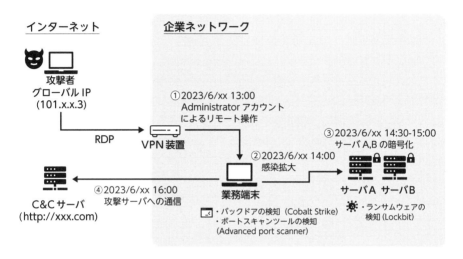

■図5.4　攻撃全体像のイメージ

5.3.7　アクションアイテムを表にする

　一見地味ではありますが、インシデント対応時のタスク管理も大変重要です。誰が何をするか、アクションアイテムを表にして、日次で関係者や依頼先のベンダと進捗管理を行いましょう。細かすぎず大雑把すぎない粒度で、表を完璧にすることにこだわらずに実施するのが良いと思います。アクションアイテムの表には以下のような項目（列）を含むと良いでしょう。もちろん決まりはありませんので、使いやすいように都度列を付け加えたり削除したりします。

- 通し番号
- 起票日時
- ステータス
- オーナー
- タスク内容
- 備考

　表 5.4 はタスク管理のイメージとなります。インシデント対応に限らず、タスク管理手法については専門の本などもありますので興味のある方は別途読んでおくと良いでしょう。例えば進捗が好ましくないタスクは細分化するなどのテクニックがあります（全サーバへのパッチ適用というタスクについてはサーバの役割ごとにタスクを分割して管理する、など）。

■表5.4　タスク管理表のイメージ

#	起票日時	ステータス	オーナー	タスク	備考
1	2023/6/24	完了	田中	不正通信先 xxx.com の遮断	プロキシサーバ A にて実施
2	2023/6/25	対応中	山重	悪用アカウント xxx のパスワード変更	12 文字、英大小数字記号を入れる
3	2023/6/25	未着手	中谷	脆弱性に対する全サーバへのパッチ適用	Windows のみで OK

5.4 封じ込め・根絶作業の実施

　何台か被疑端末を調査したことで、悪用された不正プログラムやツール、不正通信先、悪用アカウントなどが明らかになりましたので、この封じ込めや根絶のステップでは、それらの得られた情報を元にひたすら制御や設定変更等を行い、環境内に潜んでいる攻撃者や不正プログラムが動けない状態にします。

> 余談ですが、これらの得られた情報はセキュリティ技術者には IOC（Indicator of Compromise）、アーティファクトなどと呼ばれます。

5.4.1　不正通信先の制御

　ここまでの段階で、ログの確認や不正プログラム解析の結果から不正な通信先があぶり出されている場合には通信先の制御（ブロック）を行います。これにより、感染環境内で現在も動いている不正プログラムが存在した場合にも、攻撃者の指令サーバーからコマンドを受け付けることができなくなります。不正プログラムによっては、特定の通信先に通信ができなくなると別の通信先に接続を試みるようなものも存在するため、根本的には不正プログラムを取り除く必要があります。

5.4.2　悪用アカウントのパスワード変更

　調査の結果から、攻撃者が悪用したアカウントを特定できることがほとんどですので、悪用されたアカウントの一覧を作成し、順次パスワード変更やアカウントの削除を行います。大抵の場合は、ドメイン管理者やローカル管理者のアカウントになると思いますので、パスワード変更に伴うバックアップジョブ等への運用影響にも十分注意してください。パスワードについては第3章でも

説明しているとおり12文字以上4種（英大文字小文字、数字記号）を満たすパスワードを筆者らは推奨しています。

5.4.3 最新パターンファイルの適用

　調査の過程で未知の不正プログラムが発見された場合にはパターンファイルへの反映を行っているはずですので、パターンファイルを最新の状態にします。また、すべての端末に最新のパターンファイルを配ることができたら、念のため手動で検索（フルスキャン）の指示を行うと良いでしょう。そうすることで、現在動作していない不正プログラムやその残骸も含めた検出ログが上がり、インシデントの影響範囲が明確になります。念のためセキュリティベンダには、どのバージョンのパターンファイルから今回のインシデントに関する不正プログラムがすべて駆除可能になっているか、パターンファイルのバージョン情報やリリース日などを確認しておきましょう。

5.4.4 脆弱性に対応する修正パッチの適用

　調査の過程で攻撃者の攻撃手法として脆弱性が用いられた可能性がある場合には、その脆弱性の修正パッチを適用します。ただし、基本的には脆弱性の悪用はアカウントの悪用に比べて痕跡が残りにくいため、明確にこの脆弱性が悪用された、と判明するケースは少ないかも知れません。調査の中で脆弱性悪用が確定していない場合には、よほどOSが古かったりサポートが切れているといった状況を除けば、中長期対策としてパッチ適用の計画ができれば良いでしょう。

5.4.5 特定のポートの閉塞やサービスの停止

攻撃者が特定のポートを悪用していた場合（3389/tcp、445/tcp、22/tcpなど）には、例えば特定の範囲や端末に限定して受信や送信の各ポートを閉じるのは非常に有効です。一方で運用影響も多く考えられるため、以下のような点に注意しながら制御を行ってください。

5.4.5.1 受信の445/tcp ポート

ファイルサーバやバックアップ、Active Directoryの同期など、さまざまな重要サービスに利用されていますが、一般的にサーバで利用していることが多く、業務端末の受信445ポートであれば制御・停止できるケースが多いです。一方で、業務端末でありながら端末上の特定のフォルダを社内に共有するような使い方をしている場合は445ポートを制御してしまうと他の端末から共有ファイルが見れなくなるため、注意が必要となります。

5.4.5.2 受信の3389/tcp ポート

リモートデスクトップポートのため、リモート保守目的で利用しているケースがほとんどです。例えばIT担当者の端末や管理業者のグローバルIP等からのみ受信を許可し、それ以外のIP帯からは接続できないようにすると良いでしょう。

また、各ポートを利用しているサービス（例えばポート3389/tcpであればリモートデスクトップサービス）自体の停止が可能な場合にはそちらも検討すると良いでしょう。例えばSSHサービスが立ち上がっているが実は利用していない、等の場合には22番ポートを閉じるだけでも十分ではあるのですが、サーバの負荷の観点でもサービスの停止もしておくのがより望ましいでしょう。

5.5 安全宣言に向けた監視

　インシデント対応もここまで来れば一山を越えたという感があるのですが、最後まで油断をせずに、現在の状況が本当に安全であることを一定期間監視し、残存脅威がないことを確認した上で「安全宣言」をします。監視の期間に決まりはありませんが、概ね1週間から2週間程度、インシデントに関連する検出が上がらなければ事態は終息しているといって良いでしょう。もちろん100%安全と言い切ることは難しいのですが、一定期間の監視で問題が起きず、また今回のインシデントで観測された攻撃手法について短期的な対応が概ね完了し、すぐには対処が難しい対策項目についても中長期で対策する目処が立っている、という状態を目指しましょう。

5.5.1　セキュリティ対策製品の検出ログ監視

　調査の結果パターンファイルで対応した不正プログラムの検出名称やハッキングツールの検出名称でリアルタイム検出が起きていないことを日次等で監視します。あるいはセキュリティ対策製品によって検知が上がるとIT担当者にメール通知が飛ぶようにしている場合にはそのメールを定期的に確認していれば問題ありません。よくあるケースとして、対応したインシデントと全く関係のない検出に右往左往してしまうケースがあります。第4章でも確認すべきポイントを記載したとおり、検出した不正プログラムの検出名称、検出が上がった端末、検出したファイルパスなどから、今回のインシデントと関係があるかどうかを冷静に判断しましょう。もちろん、セキュリティベンダに調査を委託している場合には不安があればセキュリティベンダに問い合わせれば問題ありません。筆者らの経験では、従業員が意図せずインストールしてしまった広告表示が目的のアドウェアと呼ばれる不正プログラムの検知や、監視期間中に新たに受信した不審メールの添付ファイルの検知、などの検知について、監視期間中にお問い合わせをいただくことが多いです。

5.5.2 通信ログの監視

　封じ込めの際、プロキシサーバやファイアウォール、UTM 等の機器に、判明した不正通信先へのアクセスをブロックする制御設定を入れているはずですので、それら不正通信先への通信をブロックする検知が上がっているかを一定期間監視します。万が一検知があった場合には、検知元の端末でまだ不正プログラムが動いている可能性がありますので、検知元の端末でそもそもセキュリティ対策製品がインストールされているかや、インストールされている場合には最新のパターンファイルが適用されているかを確認します。パターンファイルが最新であるにも関わらず不正な通信が継続している場合には、まだ未知の不正プログラムが残存している可能性がありますので、その場合は調査ツールによる調査 (5.3.4) に戻って未知の不正プログラムを洗い出します。そこに時間や費用が避けない場合には当該端末をリカバリ (初期化) するという手もあるのですが、この場合、他の端末でまた未知の不正プログラムに遭遇してしまう可能性が高いため、その点を理解した上で端末のリカバリを行います。あるいは、端末の保全（バックアップ）をした上でリカバリを行い、余力が出た際に調査を行う、という判断も良いでしょう。

5.5.3 悪用アカウントの監視

　悪用があったアカウントの認証が発生していないかを監視するのも非常に効果的です。Active Directory 環境の場合は基本的にはドメインコントローラの認証を監視することで認証の有無が監視できるのですが、ワークグループ環境や、悪用されたアカウントがローカルアカウントである場合には、認証結果が各端末にしか出力されないため、なかなか監視が難しいかも知れません。SkySea や Lanscope といった監査証跡製品を利用している場合には、それらの機能でアカウントの認証情報などが管理サーバから確認できる可能性があるため、利用している場合には活用すると良いでしょう。

column

感染経路や攻撃手法が特定できない場合

インシデント対応を始めて色々調査を試みたものの、感染経路や攻撃手法が特定できず、何をもって安全なのか、いつ業務を再開していいのか？といった状態に陥ってしまうケースも想定されます。こういった場合、とりあえず見えている範囲で封じ込めや対策を施していくのは当然として、工数の許す範囲で以下のような活動を行い、関係者で「残存リスクを加味した上で業務再開の合意を行う」という進め方になることが一般的です。

- ・感染端末の初期化
- ・管理者アカウントの洗い出し・パスワード変更
- ・一定期間の不正プログラム・不正通信検知ログの監視
- ・追加のセキュリティ機能の導入検討
- ・業務端末やネットワーク機器の修正パッチ適用・アップデート

明確に攻撃経路や攻撃手法が分からない場合は、どうしても「できる対策はできるだけやる」という漠然とした対応にならざるを得ません。ですが、そもそも平時の際においてもセキュリティが 100% 完璧な状態というのは存在せず、一定の残存リスクを普段は受け入れているかと思います。有事の際も同様に、関係者間でここまでやれば業務再開して良いだろう、と納得できる状態を議論して定義し、かつ残存しているリスクは重点的な監視や段階的な復旧などで緩和しながら、業務復旧という共通のゴールに向けてやるべき作業を消化していくという進め方になるでしょう。こういった際のリーダーシップは我々インシデント対応サービスを提供するベンダの得意分野であり、醍醐味でもあります。

第5章 インシデント対応

5.6 番外編：インシデント発生時 の社内外コミュニケーション

　こちらは技術的な内容ではありませんが、ランサムウェア感染インシデント発生時は、大体の場合は社員、取引先やユーザに影響があるため、自社ホームページにお知らせを掲載したり、プレスリリース等を発表する形で被害を公表することになります。以下のような観点でまずは発生事実を整理し、コミュニケーションの対象や方針を決めます。可能であれば、技術メンバーではなく広報担当者など別の担当者を任命しリードをしてもらえると良いでしょう。

5.6.1　事実の確認

以下の観点でインシデントを整理します。

- Where: どこから
- Why: どういった原因で
- How: どうやって
- What: 何が取られたか（機密情報や個人情報が含まれたか）

5.6.2　インパクトの確定

　誰にどんなインパクトがあるかを整理し、それぞれに対し情報発信の有無を判断します。

- 株主
- 取引先
- 子会社
- 全サービスのユーザ
- 特定サービスのユーザ

5.6.3 アクション実施

整理した事実と、確定したインパクトに基づいた情報発信先に対し、発信内容を整理・確定していきます。

- FAQ（よくあるお問い合わせ集）の作成
  - 「聞かれなくても言うこと」「聞かれたら言うこと」「聞かれても答えないこと」の3軸で整理すると良い
- 各対象者への発信先チャネルの決定
  - メール、電話、Webサイト、対面

5.6.4 その他対応

法務部門にも作成したFAQや文面等のレビューをもらい、法的な観点で回答の問題有無を確認します。

5.6.5 社外向けの情報発信

ランサムウェア感染等のインシデントが発生した場合の社外情報発信について、発信内容や発信タイミングなどを記載します。標的型ランサムウェア攻撃の被害にあった企業は、ここまでで整理した内容を社外発信する際、取引先や顧客向けにホームページ等を活用し表5.5のような内容を1〜3回程度に分けて情報発信を行うことが多いです。第一報は当日から翌日、遅くとも被害から2週間以内というのが相場で、第二報は更に第一報から1〜2週間以内に行われることが多い状況です。

■ 表5.5　第一報の報告内容例

種別	内容
概要・経緯	発生した事象、日時、謝罪
被害状況	調査状況、取引先や顧客への影響、復旧の目途
被害状況（情報漏えい）	外部流出した可能性のある情報（個人情報・業務情報）
問い合わせ窓口情報	電話番号、メールアドレス、受付時間、担当部署および担当者名

■ 表5.6　第二報の報告内容例

種別	内容
第一報からの更新	更新内容について概要を記載
調査結果	侵入経路や原因など技術的なもの
情報漏洩対象の追加	第一報以降に判明した追加の漏洩情報など
再発防止策	研修強化見直し

　「ランサムウェア感染　お知らせ」などで Web 検索を行うと過去に被害にあった企業の情報発信内容が確認できますので、記載内容の粒度などについて、完全な正解もなければ他社を真似してはいけないということもありませんので、必要に応じ参考にすると良いでしょう。

　また、情報漏洩の可能性がある場合、個人情報保護委員会への報告が義務付けられています。5 日以内に速報、30 日以内に確報という報告が必要とされています。報告の基準や内容などについては以下資料を参照してください。

漏えい等の対応とお役立ち資料（個人情報保護委員会）
https://www.ppc.go.jp/personalinfo/legal/leakAction/

5.6.6　社内向けの情報整理

　おそらくインシデント発生時に IT 担当者の皆様は、社内のさまざまな方から「何が起きている？」「私の端末は大丈夫？」「業務に影響が出ているけどいつメールは復旧する？」といった質問攻めにあうことが想像できます。そう言った際には、できるだけ問い合わせ窓口を集約しつつ、復旧の予定やよくある問い合わせについて全社員が見える場所に掲示していくような対応が求められるでしょう。参考までに、社内に連絡をする際の整理のイメージを記載します。

　表 5.7 は、特に社員の関心が高いであろうインターネット、メール、ファイルサーバ、イントラサイトの復旧目途や代替案を整理した表になります。こういったものを早い段階で提示し、問い合わせを抑制できると良いでしょう。

■ 表5.7　社内告知のイメージ

種別	現状	現状	完全復旧目途
インターネット閲覧	暫定復旧済み	安全性が確認されたサイトのみ開通	7月中旬頃
メール	復旧済み	-	復旧済み
ファイルサーバ	復旧作業中	総務課にてハードディスクに入れたデータを貸出中	7月下旬頃
イントラサイト	復旧作業中	クラウドサービスの xx を暫定提供中	7月中旬頃

　表5.8は、社内向けのQ&A表のイメージです。技術的に細かいことを変に社員向けに話し始めてしまうと、話が曲がって伝わってしまったり、誰が悪かったのかなどの犯人捜しなどを助長してしまう可能性もありますので、できるだけ問い合わせ窓口を一本化（特定の担当者に聞いてください、として回答を統一する）しつつ、よく聞かれる内容についてはQ&Aの形で整理し、都度問い合わせ元の従業員に異なる回答をして混乱を招かないようにすると良いでしょう。また、社外向けには5.6.3項に記載のとおり「聞かれなくても言うこと」「聞かれたら言うこと」「聞かれても答えないこと」の3軸で整理をするのが良いでしょう。

■ 表5.8　社内Q＆Aのイメージ

質問	回答
何が原因で感染した？	現在調査中で、分かり次第ホームページで社外告知を行います。
個人情報は漏洩した？	現在調査中で、分かり次第ホームページで社外告知を行います。
自分の端末も感染している可能性ある？	現在のところサーバのみ感染が確認されています。今後業務端末側の安全性を担保するために新機能を導入して監視を行う予定です。
ビルの入り口で記者に取材されたらどう答えればよい？	公式見解はホームページで告知予定のため、個別の回答は控えてください。

第5章　インシデント対応

5.7 平時の準備

　ここまでは実際にインシデントが起きた際の対応の流れを記載しましたが、ここからは筆者らの経験に基づき、インシデントが起きる前（平時）に準備しておけると良いポイントを記載いたします。なお、記載の一部は第3章に記載している対策と近い内容や同じ内容を含んでいますが、ご了承ください。記載していく内容の全体像を表で整理しました。

■ 表5.9　平時の準備項目一覧

#	カテゴリ	内容
1		外部インシデント対応支援サービスの契約
2	初動の効率化	技術的な初動手順の準備（端末の証拠保全・切り離し）
3		ネットワーク構成図の準備・最新化
4		ネットワーク監視の諸準備（ミラーポート等）
5	被害の軽減	EPP 管理サーバの SaaS 化、あるいは再構築手順の準備
6		セキュリティ対策製品（EPP）の設定値の確認
7	復旧の効率化	業務や社外サービス提供に必須となる重要サーバの一覧化
8		オフライン、クラウドバックアップの検討
9	その他準備	インシデント発生時の体制図や連絡体制の整備
10		インシデント対応演習の実施

それでは以下より、各準備の詳細とポイントについて解説します。

5.7.1　外部インシデント対応支援サービスの契約

　重篤なインシデントであった場合にはどういったベンダに依頼をするか、事前に機密保持契約や、必要な支援サービスの契約を結んでおくと良いでしょう。相談先候補の選定を行う際には、JNSA（日本ネットワークセキュリティ協会）という団体が公開している「サイバーインシデント緊急対応企業一覧」が有名です。

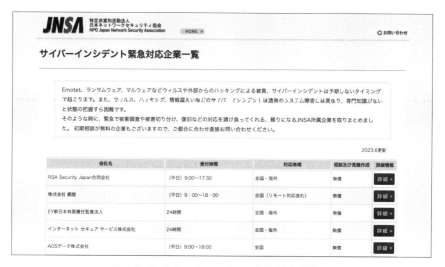

■図5.5　サイバーインシデント緊急対応企業一覧
https://www.jnsa.org/emergency_response/

5.7.2　技術的な初動手順の準備
　　　　（端末の証拠保全・切り離し）

　まず、どのようなツールや手法を用いて端末の保全をするかを検討すると良いでしょう。「端末の保全」とは、さまざまな詳細調査などを行う前に、感染時の状態のログやイメージファイル（端末の複製データ）を取得しておくことです。無償ツールで証拠保全を行う場合、ディスクをイメージファイル化する際はExterro社のFTK Imager、軽量なログのみの保全を行う際は244ページで

紹介したサイバーディフェンス研究所のCDIRが有名です。また、細かい点ですが十分な容量（1-2TB程度）のある外付けディスク（HDD/SSD）を何台か準備しておくと保全したデータをすぐに格納できるため良いでしょう。

　過去の筆者らの経験では、保全を行いたくてもハードディスクの準備がなく、インシデント発生後に家電量販店に買いに行かれたケースが何度かありました。もちろん、オフィスの近所に量販店があればそれでも良いのですが、緊急時にリムーバブルメディアを調達してしまうと資産管理が行われずインシデント対応後に扱いに困ることなどもありますので、事前準備をしておけるのが望ましいです。

　端末の切り離し・隔離については、EDR製品を導入済みである場合には、EDRの管理画面からの隔離や影響調査などの操作手順を確認しておくと良いでしょう。また、それらの操作手順については手順化し、社内のイントラサーバーやファイルサーバなどに準備しておくと良いでしょう。

　論理的な隔離だと本当に通信が遮断できているか不安、という方も中にはいらっしゃるかと思いますので、その場合は物理的な隔離（ネットワークの遮断、電源OFF）でも問題ありません。電子的な意味で証拠を残しておくためにはOSを起動したまま隔離をした方が良い、という説もありますが、ランサムウェアインシデントの場合にはあまり気にしなくてもよいだろうというのが筆者ら個人の見解です。

5.7.3　ネットワーク構成図の準備・最新化

　物理的な結線のみが記載されたネットワーク構成図では、いざという際に攻撃の全体像が見えにくく、影響範囲などを推測するのが難しくなってしまいます。論理的な全体像が描かれた最新のネットワーク構成図を準備しておくと良いでしょう。筆者らも支援を行う際は、お客様のネットワーク構成図とインシデントの発生箇所を見ながら、調査対象を絞ったり、ネットワークセンサーを置く場所を選定したり、あるいは感染の影響がなさそうなエリアについては先んじて業務を復旧いただいたり、といった判断を日々行っています。また、ネットワーク構成図を準備することはIT担当者の方が環境を理解するためにも役立ちますので、時間を見つけてサーバや業務端末、スイッチなどの物理的な機器の設置箇所や設定値などを洗い出し、可視化しておくことはトラブルシューティングの観点でも有意義であると考えます。

5.7.4 ネットワーク監視の諸準備 (ミラーポート等)

インシデント発生時には監視機器を追加設置することなども良くありますので、監視用ミラーポートの作成手順、あるいは依頼先業者と依頼の手順や依頼時の費用などを事前に合意・整理しておくと良いでしょう。ミラーポートとは、企業内ネットワークの通信内容を複製（ミラー）して出力する設定およびポートのことで、ネットワークセンサーで監視を行う際はこのミラーポートに接続して設置することが一般的です。

また、データセンターにサーバを設置している場合には、データセンター入館方法や入館可能なメンバの一覧を確認しておいたり、データセンターや拠点のサーバラックに監視センサー（1U サーバ）設置用スペースがあるかの確認をしておくと良いでしょう。データセンターの入館は本人確認や事前申請など、セキュリティの観点から複雑なステップが設けられていることが多く、有事の際に焦らないように準備しておくのが望ましいです。ミラーポート作成以外の観点でも、有事の際はリモートからデータセンターのサーバに接続できなくなるケースが多いため、そういった観点でも重要なポイントとなります。

5.7.5 セキュリティ対策製品 (EPP)のSaaS化

ランサムウェア感染時、セキュリティ対策製品の管理サーバまでランサムウェアに暗号化されてしまうと、駆除・検知確認や影響範囲特定、安全宣言などが行いにくくなってしまいます。セキュリティ対策製品の管理サーバが SaaS（Software as a Service、つまりクラウド）側にある場合、被害にあった感染端末からは到達できないため、管理サーバ側は被害を受けず継続利用が可能です。費用の関係等から SaaS 化が難しい場合には、オンプレミス（企業環境内に設置するサーバのこと）の管理サーバを速やかに再構築できるよう、バックアップの確保、およびバックアップからの復元手順や再構築手順などの準備を行っておくと良いでしょう。サーバの再構築について自社で行うことが難しい場合には委託業者に再構築の可否、費用感や依頼方法などを確認しておきます。

5.7.6 セキュリティ対策製品 (EPP)の設定値の確認

　第4章でも記載のとおり、エンドポイント型セキュリティ対策製品（EPP）においては、無償あるいは安価で利用可能な追加機能（挙動を検知する機能、機械学習型検索機能など）が有効であれば攻撃を緩和できることが多いため見直しておくと良いでしょう。こちらについては第3章にも記載をしているため、詳しくはそちらを参照ください。

5.7.7 業務や社外サービス提供に必須となる 重要サーバの一覧化

　緊急時には、業務上重要なサーバからの復旧を行うことになりますので、顧客向けシステムや社内業務に必須となるサーバなどをあらかじめ一覧化しておくと良いでしょう。一般的には、メールサーバ、ファイルサーバ、イントラサーバ、Webサーバなどが業務上重要になることが多いでしょう。

5.7.8 オフライン、クラウドバックアップの検討

　第3章でも詳細を記載していますが、ランサムウェアに感染してしまった場合、ネットワークマウントされた領域や、Dドライブ等にあるバックアップデータは、ランサムウェアにより暗号化されてしまい利用できなくなってしまうことがほとんどです。ボリュームシャドウコピーに関してもランサムウェアにより削除されてしまう事例が多くあります。そのため、万が一ランサムウェアに感染した場合もランサムウェアが暗号化することができない箇所にバックアップを取得しておくことが重要となります。第3章にも記載のとおり、オフラインのバックアップや、AWS等のクラウドへのバックアップを検討すると良いでしょう。

5.7.9　インシデント発生時の体制図や連絡体制の整備

　インシデント発生後には技術的な意味での現場のとりまとめや、経営層や広報・法務といった社内の関係部署との連携が必要となることが一般的であるため、事前に体制などを整理・合意しておけると事案発生時の対応がスムーズになります。組織の規模やリソースによって実現可能な形は異なってくるかと思いますが、例えば JPCERT が公開している CSIRT ガイドなどが参考になります。

CSIRT ガイド (JPCERT/CC)

```
https://www.jpcert.or.jp/csirt_material/files/guide_ver1.0
_20151126.pdf
```

5.7.10　インシデント対応演習の実施

　実際にインシデント被害が起きたことがない企業の場合、あまり対応のイメージが湧きづらいかと思います。そういった場合は、机上のロールプレイなどで想定をしておくのも練習になり、課題の洗い出しなども行えるため有意義であると考えます。例えばボードゲーム形式でインシデント対応を体験してみるといった無償コンテンツもありますし、より技術的な意味でのインシデントレスポンス演習であれば情報通信研究機構 (NICT) が主催している CYDER も有名です。

インシデント対応ボードゲーム　スタンダード版 (トレンドマイクロ)

```
https://resources.trendmicro.com/jp-docdownload-form-m057-
web-incidentboardgamestandard.html
```

CYDER(情報通信研究機構)

```
https://cyder.nict.go.jp/
```

おわりに

　ここまで長きに渡って目を通していただきありがとうございました。改めて、本書で伝えたかったことを整理させてください。

・今ある資産を最大限活用して対策を行うこと

　第3章を読んで理解いただけたかと思いますが、残念ながら「これを導入すれば、どの脅威からも100%守ることができる」といったような特効薬となる対策は存在しません。しかし、攻撃をステップごとに分解し、それぞれに対して有効な対策を施すことによって、いずれかのステップが突破されても別のステップで検知するといったような多層での防御が可能になり、リスクを格段に下げることが可能となります。対策を検討するにあたっては、何か奇想天外な手法を実装したり、あるいは流行りのセキュリティ対策製品を多大なコストをかけて導入するといった必要はなく、Windows端末の設定変更や機能の有効化、また今お使いのセキュリティ対策製品を活用するだけで十分その効果を発揮することが可能です。まずは今お使いの資産を十分活用しつつ、それでもカバーできない範囲を新たな製品や運用を検討していくという考え方で対策していただければと考えています。

・サイバー攻撃について理解を深めること

　「セキュリティ対策を考えたいものの、サイバー攻撃手法の種類が多すぎて何から手を付けてよいか分からない」「セキュリティ対策製品を導入したものの、どのようなサイバー攻撃手法に対して効果があるのかいまいち理解できていない」― IT担当者の方でこのような悩みを持たれている方は少なくないと思います。サイバー攻撃手法というのはその種類も多ければ、内容に関しても理解しにくいことが多いため、非常にとっつきづらい分野だと思います。かくいう筆者(山重)も、入社当時はセールスエンジニアの立場で製品提案の業務を行っていましたが、サイバー攻撃手法をしっかり理解していない状態で製品を提案することに課題を感じ、しっかりと理解した上で製品を提案したいと考えるようになり、日々サイバー攻撃と対峙することのできるインシデントレスポンスサービスに携わるようになりました。多岐に渡る攻撃手法の中からその本質(共通項)をつかめるようにな

ると、どういった対策がなぜ必要なのかを説得力を持って説明できるように
なるため、非常に有用です。標的型ランサムウェア攻撃は、その他の攻
撃手法とも共通項の多いものになりますので、サイバー攻撃に対する理解
を進めるその一歩目として最適だと考えています。

これらのポイントを踏まえた上で、是非本書を活用しながら皆様の環境にお
いて必要な対策を考えていただければと思います。今後起こりうるセキュリティ
インシデントを1件でも減らせれば、これ以上の幸せはありません。

最後に、本書を執筆するにあたっては、株式会社マイナビ出版の山口様をは
じめ、さまざまな関係者の方に多大なご協力をいただきました。改めて感謝申
し上げます。また、トレンドマイクロの同僚にも協力いただきました。特に、
山口様に我々を紹介してくれた原弘明さんや、我々の拙い文章を丁寧にレビュー
してくれた中谷吉宏さん、西風辰哉さんには感謝しきれません。

参考文献

[1] Trend Micro. ランサムウェア攻撃 グローバル実態調査 2022 年版. 2022.
URL: https://www.trendmicro.com/ja_jp/about/press-release/2022/pr-20220907-01.html.

[2] IPA.【注意喚起】事業継続を脅かす新たなランサムウェア攻撃について. 2020.
URL: https://www.ipa.go.jp/archive/security/security-alert/2020/ransom.html.

[3] 警察庁. 令和 4 年におけるサイバー空間をめぐる脅威の情勢等について. 2023.
URL: https://www.npa.go.jp/publications/statistics/cybersecurity/data/R04_cyber_jousei.pdf.

[4] 日本損害保険協会. 国内企業のサイバーリスク意識・対策実態調査 2020. 2020.
URL: https://www.sonpo.or.jp/cyber-hoken/data/2020-01/pdf/cyber_report2020.pdf.

[5] Palo Alto Networks. 世界におけるランサムウェア脅威に関する最新調査. 2022.
URL: https://www.paloaltonetworks.jp/company/press/2022/ransomware-threat-report-2022.

[6] piyokango. 不正アクセスで発生した社内システム障害についてまとめてみた. 2020.
URL: https://piyolog.hatenadiary.jp/entry/2020/11/10/051444.

[7] 内閣官房内閣サイバーセキュリティセンター. サイバー攻撃を受けた組織における対応事例集 ケース 2, ケース 3. 2022.
URL: https://www.nisc.go.jp/pdf/policy/inquiry/kokai_jireishu.pdf.

[8] BleepingComputer. ALPHV BlackCat - This year's most sophisticated ransomware. 2021.
URL: https://www.bleepingcomputer.com/news/security/alphv-blackcat-this-years-most-sophisticated-ransomware/.

[9] Trend Micro. What To Expect in a Ransomware Negotiation. 2021.
URL: https://www.trendmicro.com/en_us/research/21/j/what-to-expect-in-a-ransomware-negotiation-.html.

[10] BleepingComputer. Hive ransomware enters big league with hundreds breached in four months. 2021.
URL: https://www.bleepingcomputer.com/news/security/hive-ransomware-enters-big-league-with-hundreds-breached-in-four-months/.

[11] kelacyber. RANSOMWARE VICTIMS AND NETWORK ACCESS SALES IN Q3 2022. 2022.
URL: https://www.kelacyber.com/wp-content/uploads/2022/10/KELA-RESEARCH_Ransomware-Victims-and-Network-Access-Sales-in-Q3-2022.pdf.

[12] マイナビ. 多層防御で標的型ランサムウェアに対応、トレンドマイクロが展開するセキュリティソリューションの導入効果とは. 2023.
URL: https://news.mynavi.jp/techplus/kikaku/20230623-2708329/.

[13] JPCERT/CC. Fortinet 社製 FortiOS の SSL VPN 機能の脆弱性 (CVE-2018-13379) の影響を受けるホストに関する情報の公開について. 2020.
URL: https://www.jpcert.or.jp/newsflash/2020112701.html .

[14] FORTINET. 悪意のあるアクターが FortiGate SSL-VPN の認証情報を公開. 2021.
URL: https://www.fortinet.com/jp/blog/psirt-blogs/malicious-actor-discloses-fortigate-ssl-vpn-credentials .

[15] NifMo. NifMo の IP アドレスは、グローバル IP アドレスですか？. 2023.
URL: https://nifmo.nifty.com/cs/biz-FAQ/detail/190802000204/1.htm .

[16] Trend Micro. オンラインゲーム「原神」の正規ドライバを悪用してウイルス対策を停止させるランサムウェア攻撃を確認. 2022.
URL: https://www.trendmicro.com/ja_jp/research/22/j/ransomware-actor-abuses-genshin-impact-anti-cheat-driver-to-kill-antivirus.html .

[17] JPCERT/CC. Netlogon の特権の昇格の脆弱性. 2020.
URL: https://www.jpcert.or.jp/newsflash/2020091601.html .

[18] CISA. 2021 Top Routinely Exploited Vulnerabilities. 2022.
URL: https://www.cisa.gov/news-events/cybersecurity-advisories/aa22-117a .

[19] Trend Micro. 「Earth Tengshe」によるマルウェア「SigLoader」を用いた攻撃キャンペーンの解説. 2021.
URL: https://www.trendmicro.com/ja_jp/research/21/l/Sigloader-by-Earth-Tengshe.html .

[20] JPCERT/CC. A41APT case. 2021.
URL: https://jsac.jpcert.or.jp/archive/2021/pdf/JSAC2021_202_niwa-yanagishita_jp.pdf .

[21] Hive Systems. Get the 2023 Hive Systems Password Table. 2020.
URL: https://www.hivesystems.io/password-table .

[22] Duo. Duo Authentication for Windows Logon and RDP. 2023.
URL: https://duo.com/docs/rdp .

[23] Duo. How to Install Duo Two-Factor Authentication for Microsoft RDP and Windows Logon. 2022.
URL: https://www.youtube.com/watch?v=R7fsQZ5bHg4 .

[24] Trend Micro. Web レピュテーション 機能を有効 / 無効にする手順. 2022.
URL: https://success.trendmicro.com/jp/solution/1105362 .

[25] ゾーホージャパン. Active Directory の委任とは？権限委任で管理者の負担を軽減しよう！. 2022.
URL: https://blogs.manageengine.jp/ou_delegation/ .

[26] Microsoft. Security Focus: Analysing 'Account is sensitive and cannot be delegated' for Privileged Accounts. 2015.
URL: https://learn.microsoft.com/en-us/archive/blogs/poshchap/security-focus-analysing-account-is-sensitive-and-cannot-be-delegated-for-privileged-accounts .

[27] Microsoft. Active Directory の組み込み管理者アカウントをセキュリティで保護する. 2023.
URL: https://learn.microsoft.com/ja-jp/windows-server/identity/
ad-ds/plan/security-best-practices/appendix-d--securing-built-in-
administrator-accounts-in-active-directory .

[28] Microsoft. Windows LAPS とは. 2023.
URL: https://learn.microsoft.com/ja-jp/windows-server/identity/laps/
laps-overview .

[29] Microsoft. 資格情報ガードの要件を Windows Defender する. 2023.
URL: https://learn.microsoft.com/ja-jp/windows/security/identity-
protection/credential-guard/credential-guard-requirements .

[30] Microsoft. Microsoft が推奨するドライバー ブロックの規則. 2023.
URL: https://learn.microsoft.com/ja-jp/windows/security/threat-
protection/windows-defender-application-control/microsoft-recommended-
driver-block-rules .

[31] Trend Micro. インシデント統計は語る -「基礎を徹底し、検知能力を向上せよ」. 2023.
URL: https://www.trendmicro.com/ja_jp/jp-security/23/g/expertvi
ew-20230703-01.html .

[32] Trend Micro. 脅威データベース. 2023.
URL: https://www.trendmicro.com/vinfo/jp/threat-encyclopedia/ .

[33] Microsoft. イベントログ 4624 についての説明. 2022.
URL: https://learn.microsoft.com/ja-jp/windows/security/threat-
protection/auditing/event-4624 .

[34] JPCERT/CC. インシデントとは. 2018.
URL: https://www.jpcert.or.jp/aboutincident.html .

[35] Trend Micro. 3分でわかる！有事の際の端末隔離. 2022.
URL: https://www.trendmicro.com/ja_jp/business/tech_blog/lsolate_devi
ce_221118_01.html#anchor01-tm-anchor .

索引

[著者の紹介]

田中 啓介（たなか・けいすけ）

トレンドマイクロ株式会社　インシデントレスポンスチーム所属

2007 年に新卒社員としてトレンドマイクロに入社。製品のサポート業務を経て、2012 年より中央省庁担当のアカウントマネージャとしてセキュリティ監視、インシデントレスポンス、対策提言を実施。マネジメント業務を経て、2019 年よりインシデント対応支援サービスを主管。

情報処理安全確保支援士 , GCFA, GDAT, GOSI

立命館大学 情報理工学研究科 博士後期課程 上原研究室所属

滋賀県警察サイバーセキュリティ対策委員会アドバイザー

山重 徹（やましげ・とおる）

トレンドマイクロ株式会社　インシデントレスポンスチーム所属

2017 年にトレンドマイクロに入社後、セールスエンジニアの経験を経てインシデントレスポンスチームに在籍。 標的型ランサムウェア攻撃をはじめセキュリティインシデントの被害にあってしまったユーザの環境調査から復旧支援に従事。 インシデント対応と並行して、インシデントの現場やリサーチから得られた攻撃手法の知見を元に、EDR 製品の検出ロジック開発にも取り組んでいる。

CISSP, GCFA, GCFE, GPEN

［STAFF］
カバーデザイン：海江田 暁（Dada House）
制作：Dada House
編集担当：山口 正樹

ランサムウェア対策 実践ガイド

2023年 9月22日　初版第1刷発行

著　者　　田中啓介、山重 徹
発行者　　角竹 輝紀
発行所　　株式会社 マイナビ出版
　　　　　〒101-0003 東京都千代田区一ツ橋2-6-3 一ツ橋ビル2F
　　　　　TEL：0480-38-6872（注文専用ダイヤル）
　　　　　TEL：03-3556-2731（販売部）
　　　　　TEL：03-3556-2736（編集部）
　　　　　E-mail：pc-books@mynavi.jp
　　　　　URL：https://book.mynavi.jp
印刷・製本　シナノ印刷株式会社